JN325953

メンズ・ウエア素材の基礎知識 ［毛織物編］

大西 基之

A GLOSSARY

OF

MEN'S FABRIC

万来舎

まえがき

　この本はいくつかの出来事がきっかけになって書くことになった。そのきっかけとは、ある時、デパートのディスプレイを見ていると生地が裏返しになって展示されていることに気がついた。売り場の人にその旨を伝えたが、販売員の方に生地の裏表を判断する知識そのものがないことを感じた。しかし、アパレル・メーカーの営業や企画に携わる人が、このことに気づかないまま、商品がユーザーの目につく場所に展示されるというのはおかしいのではないかと感じた。

　また、以前、アパレル・メーカーのオーダー関連部門で、おもに販売員を対象に、何年かにわたって「素材の知識」の勉強会を行っていた。その時に感じたのは、彼らにとって素材の知識はなくてはならないものなのに、学ぶべき資料があまりにも少ないということだった。

　さらに、デザイン学校で「素材学」という講義があるのだが、この時に使う教科書は、紳士・婦人の区別なく、包括的に書かれた素材に関する本であり、対象を「メンズ・ウエア」に絞ったものはほとんどない。したがって、講義は市販本に自分自身の経験上必要と思われる項目を付加しながら行っていた。それならば、メンズ・ウエア素材に絞った、必要な知識について言及した教科書をつくってしまおうと考えた。これらのことがこの本を生むきっかけとなったのである。

　内容については、私自身の40年以上にわたる仕事の中で、経験上、必要と思われる項目を中心にまとめた。その結果、包括的な素材の知識について書かれた本とは一線を画すものになった。また、「メンズ・ウエア素材」の＜毛織物編＞としたことによって、さらに対象が絞られ、メンズ・ウエアの中でもテーラード・クロージングにかかわる仕事をしている人に役立つ本となった。

　前編に「基礎知識編」、後編に「服地の事典編」を配し、合わせて利用することで、より理解しやすいものになっている。特に「服地の事典編」は、カラーで生地の写真を載せているので、プロに限らず服飾に興味のある人にとっても楽しめる内容になっている。仕事で利用される方、ファッションに興味のある方のお役に立つことを願ってやまない。

大西基之

目次

まえがき ———————————————————— 003

第1部 / 基礎知識編

1. 繊維とは ———————————————————— 010

2. 繊維の分類
　　(1) 天然繊維 ———————————————————— 011
　　(2) 化学繊維 ———————————————————— 012

3. 糸について
　　(1) 番手（ヤーン・カウント Yarn Count）とは ———————— 013
　　(2) スーパー表示 Super XX's とは ———————————— 014
　　(3) 番手とは（麻・綿） ———————————————— 016
　　(4) 長繊維の太さの単位、デニール、テックス、デシテックスとは ——— 017
　　(5) 糸の撚りとは——糸の撚りによる分類 ————————— 020
　　(6) 撚糸の種類 ——————————————————— 022
　　(7) 撚り方向と綾目 ————————————————— 023
　　(8) 梳毛糸と梳毛織物 ————————————————— 024
　　(9) 紡毛糸と紡毛織物 ————————————————— 030

4. 織物の組織について
　　(1) 三原組織〈平織り〉 ———————————————— 033
　　(2) 三原組織〈綾織り〉 ———————————————— 035

（3）三原組織〈朱子織り〉——————————————— 037

5. 織物の目付について ————————————————— 039

6. 羊毛と獣毛の種類
　　（1）英国羊毛の種類 ——————————————————— 041
　　（2）メリノ羊毛の種類 —————————————————— 047
　　（3）獣毛の種類 ————————————————————— 049

7. ウールの優秀性について
　　（1）ウールの特長 ———————————————————— 052
　　（2）羊毛繊維の組成と構造 ———————————————— 053
　　（3）羊毛の構造によるウール製品の良さ ——————————— 055

8. 桝見本について ———————————————————— 057

9. 染色について ————————————————————— 058

10. 整理について ————————————————————— 060

11. 綿について —————————————————————— 063

12. 麻について —————————————————————— 066

目次

第2部 / 服地の事典編

ア

アイリッシュ・ツイード	070
アストラカン	070
アムンゼン	071
アルパカ	072
アンゴラ	072
イリデッセント	073
ウインドー・ペイン	074
ウーステッド	074
ウールン	075
うね 畝織り	075
英国羊毛	076
オートミール	076
オーバー・チェック	077
オルタネイト・ストライプ	078
オンブレー・ストライプ	078

カ

カシミヤ	079
カヴァート・コーティング	080
カルゼ	080
ガンクラブ・チェック	081
キャヴァルリー・ツイル	082
キャメル・ヘアー	083
ギャバジン	084
クリンプ	084
グループ・ストライプ	085
クレヴァネット	086
グレン・チェック	086
グログラン	088
捲縮	088
ケンプ	088
コークスクリュー	089
コーデッド・ストライプ	090
コーデュロイ	090
コールズボン地	091

サ

サージ	092
サキソニー	092
サテン	093

サン・クロス ─── 094
シアサッカー ─── 094
シェットランド・ツイード ─── 095
シェパード・チェック ─── 096
シャーク・スキン ─── 097
シャギー ─── 098
シャドー・ストライプ ─── 098
シャンタン ─── 099
シャンブレー ─── 099
獣毛 ─── 100
順・逆 ─── 100
スーパー表示 ─── 101
スポーテックス ─── 101
スラブ・ヤーン ─── 102

タ

タータン・チェック ─── 103
ダイアゴナル ─── 112
タッサー ─── 112
タッターソール・チェック ─── 113
ダブル・クロス ─── 114
ダブル・ストライプ ─── 114
チェヴィオット・ツイード ─── 115
チョーク・ストライプ ─── 116
ツイード ─── 116
ツイステッド・ヤーン ─── 118
ツー・アンド・ツー・チェック ─── 118

デニム ─── 119
ドスキン ─── 120
ドッグ・ツース ─── 120
ドニゴール・ツイード ─── 121
トニック ─── 122
ドビー・クロス ─── 122
トリコティン ─── 123
トリプル・ストライプ ─── 124
トロピカル ─── 124

ナ

ナッピング仕上げ ─── 125
ナッブ・ヤーン ─── 125
ネップ・ヤーン ─── 126

ハ

バーズ・アイ ─── 127
バスケット・ウィーヴ ─── 127
バラシャ ─── 128
番手 ─── 128
ハリス・ツイード ─── 128
ビーバー・クロス ─── 130
ビキューナ/ヴィクーナ/ヴィキューナ ─── 130
ピック・アンド・ピック ─── 130
ピン・ストライプ ─── 132
ピン・チェック ─── 132

ピン・ヘッド・ストライプ	133
フランネル	134
ブレザー・ストライプ	134
フレスコ	136
フレンチ・カルゼ	136
ブロック・ストライプ	137
ブロック・チェック	138
ヘアー・ライン	138
ベッドフォード・コード	139
ベネシャン	140
ヘリンボーン・ストライプ	140
ペンシル・ストライプ	141
ホイップコード	142
ホームスパン	142
ポーラー	143
ボールド・ストライプ	144
ボタニー・ウール	144
ホップサック	145

マ

桝見本	146
マット・ウーステッド	146
ミルド・ウーステッド	147
メッシュ	147
目付	148
メリノ	148
メルトン	149

モッサー	150
モヘア	151

ヤ

山羊毛	152
ヤーン	152

ラ

ループ・ヤーン	154
あとがき	156

Column

英国の生地とイタリアの生地 — 102
モーニングの生地 — 126
交織、混紡と交撚 — 153

A GLOSSARY
OF
MEN'S FABRIC

── 基 礎 知 識 編 ──

繊維とは

基礎知識編1

　繊維という言葉は日常的に使われているが、JIS規格によれば、繊維とは「糸、織物などの構成単位で、太さに比べて十分の長さをもつ、細くてたわみやすいもの」ということであり、米国材料試験規格協会によれば「テキスタイル（繊維製品）では、テキスタイルの基本的な要素で、少なくとも長さが直径の100倍以上あることによって特徴づけられるものの総称」ということになる。

　人類が繊維と付き合い始めたのは体毛を失った時点からと考えられるが、当初、草木の葉っぱや動物の皮を直接身に着けていた時代から、時を経て動物や植物の「繊維」から糸をつくり、編み物にしたり織ったりしていったことは容易に想像できる。さまざまな遺跡から麻布や綿、絹という順番に繊維が利用されていった様子が発見されており、日本においても縄文時代の遺跡から麻が栽培され、布に織られていたことが明らかになっている。徳川時代には綿花の栽培も全国的に広がり、明治維新以降海外との貿易が始まるまでは続いていたということである。

　絹については、かなり早い時期に大陸からの帰化人によって養蚕、製糸、織布の技術が伝えられており、20世紀初頭には、我が国は世界有数の絹の輸出国でもあった。さらに20世紀に入ってからは、科学的方法によって繊維がつくられるようになった。当初は天然繊維の代用として開発された「化学繊維」も現在ではあらゆる分野において化学繊維ならではの特長を生かした素材が使用され、衣料品の分野においてはスポーツウエアを中心に、機能性を競う優れた製品を見ることができる。

　繊維の分類について、化学繊維を含む大分類は以下のとおりである。

天然繊維	・植物繊維 ・動物繊維 ・鉱物繊維 ・食物繊維	化学繊維	・合成繊維 ・半合成繊維 ・再生繊維 ・ガラス繊維 ・炭素繊維

2 繊維の分類

基礎知識編2

1 天然繊維 Natural Fiber（ナチュラル・ファイバー）

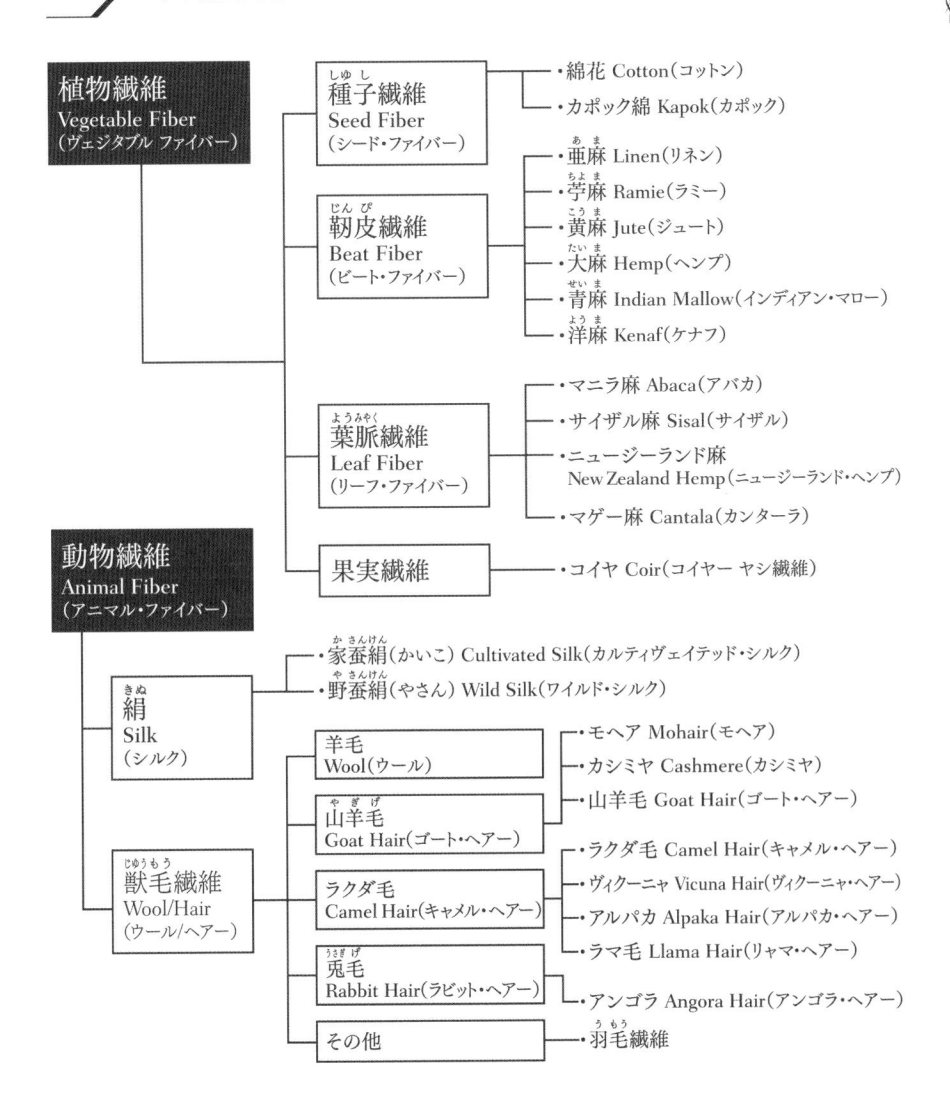

- 植物繊維 Vegetable Fiber（ヴェジタブル ファイバー）
  - 種子繊維 Seed Fiber（シード・ファイバー）
    - 綿花 Cotton（コットン）
    - カポック綿 Kapok（カポック）
  - 靭皮繊維 Beat Fiber（ビート・ファイバー）
    - 亜麻 Linen（リネン）
    - 苧麻 Ramie（ラミー）
    - 黄麻 Jute（ジュート）
    - 大麻 Hemp（ヘンプ）
    - 青麻 Indian Mallow（インディアン・マロー）
    - 洋麻 Kenaf（ケナフ）
  - 葉脈繊維 Leaf Fiber（リーフ・ファイバー）
    - マニラ麻 Abaca（アバカ）
    - サイザル麻 Sisal（サイザル）
    - ニュージーランド麻 New Zealand Hemp（ニュージーランド・ヘンプ）
    - マゲー麻 Cantala（カンターラ）
  - 果実繊維
    - コイヤ Coir（コイヤー ヤシ繊維）

- 動物繊維 Animal Fiber（アニマル・ファイバー）
  - 絹 Silk（シルク）
    - 家蚕絹（かいこ）Cultivated Silk（カルティヴェイテッド・シルク）
    - 野蚕絹（やさん）Wild Silk（ワイルド・シルク）
  - 獣毛繊維 Wool/Hair（ウール/ヘアー）
    - 羊毛 Wool（ウール）
      - モヘア Mohair（モヘア）
      - カシミヤ Cashmere（カシミヤ）
      - 山羊毛 Goat Hair（ゴート・ヘアー）
    - 山羊毛 Goat Hair（ゴート・ヘアー）
    - ラクダ毛 Camel Hair（キャメル・ヘアー）
      - ラクダ毛 Camel Hair（キャメル・ヘアー）
      - ヴィクーニャ Vicuna Hair（ヴィクーニャ・ヘアー）
      - アルパカ Alpaka Hair（アルパカ・ヘアー）
      - ラマ毛 Llama Hair（リャマ・ヘアー）
    - 兎毛 Rabbit Hair（ラビット・ヘアー）
      - アンゴラ Angora Hair（アンゴラ・ヘアー）
    - その他
      - 羽毛繊維

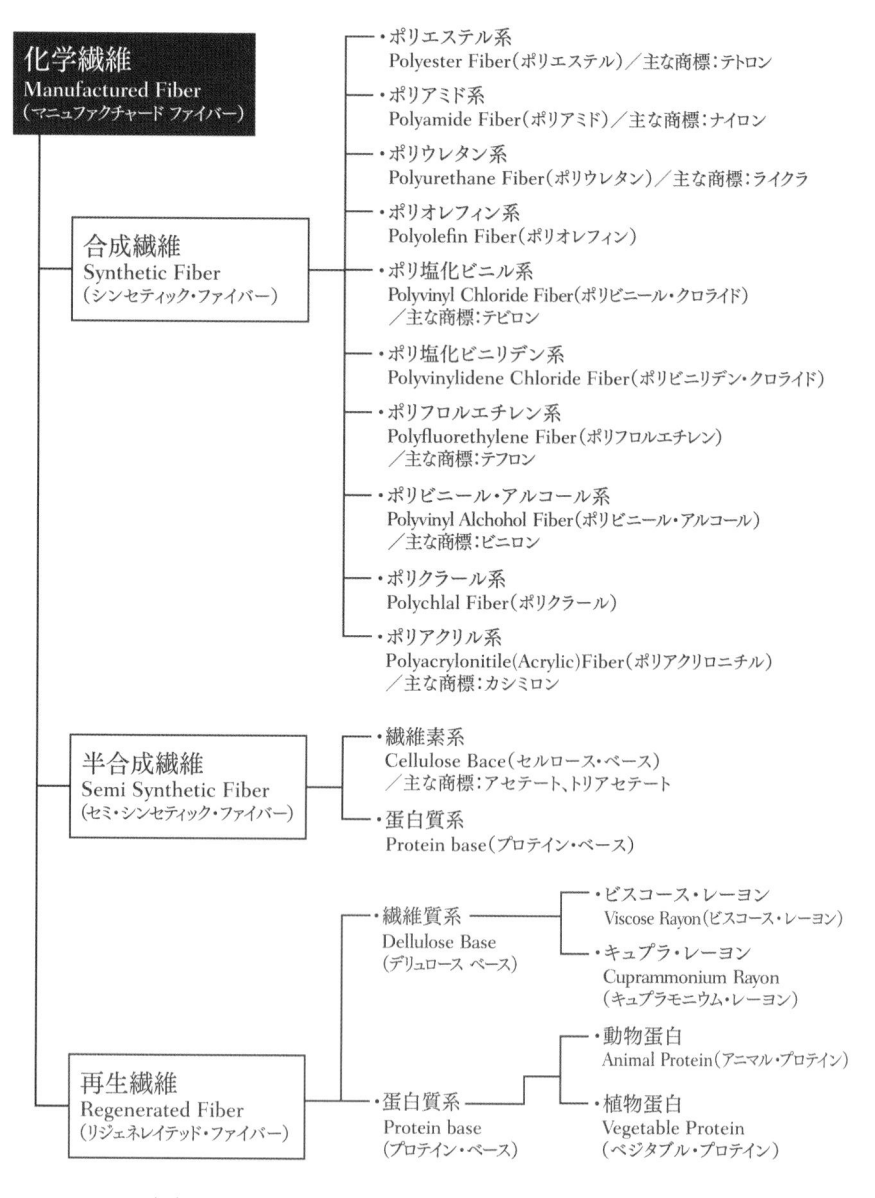

2 化学繊維 Manufactured Fiber (マニュファクチャード・ファイバー)

- **化学繊維 Manufactured Fiber (マニュファクチャード ファイバー)**
  - **合成繊維 Synthetic Fiber (シンセティック・ファイバー)**
    - ポリエステル系 Polyester Fiber(ポリエステル)／主な商標：テトロン
    - ポリアミド系 Polyamide Fiber(ポリアミド)／主な商標：ナイロン
    - ポリウレタン系 Polyurethane Fiber(ポリウレタン)／主な商標：ライクラ
    - ポリオレフィン系 Polyolefin Fiber(ポリオレフィン)
    - ポリ塩化ビニル系 Polyvinyl Chloride Fiber(ポリビニール・クロライド)／主な商標：テビロン
    - ポリ塩化ビニリデン系 Polyvinylidene Chloride Fiber(ポリビニリデン・クロライド)
    - ポリフロルエチレン系 Polyfluorethylene Fiber(ポリフロルエチレン)／主な商標：テフロン
    - ポリビニール・アルコール系 Polyvinyl Alchohol Fiber(ポリビニール・アルコール)／主な商標：ビニロン
    - ポリクラール系 Polychlal Fiber(ポリクラール)
    - ポリアクリル系 Polyacrylonitile(Acrylic)Fiber(ポリアクリロニチル)／主な商標：カシミロン
  - **半合成繊維 Semi Synthetic Fiber (セミ・シンセティック・ファイバー)**
    - 繊維素系 Cellulose Bace(セルロース・ベース)／主な商標：アセテート、トリアセテート
    - 蛋白質系 Protein base(プロテイン・ベース)
  - **再生繊維 Regenerated Fiber (リジェネレイテッド・ファイバー)**
    - 繊維質系 Dellulose Base (デリュロース ベース)
      - ビスコース・レーヨン Viscose Rayon(ビスコース・レーヨン)
      - キュプラ・レーヨン Cuprammonium Rayon (キュプラモニウム・レーヨン)
    - 蛋白質系 Protein base (プロテイン・ベース)
      - 動物蛋白 Animal Protein(アニマル・プロテイン)
      - 植物蛋白 Vegetable Protein (ベジタブル・プロテイン)

〈注〉ガラス繊維、炭素繊維は、服飾にかかわることが少ないので省略している。

3 糸について

基礎知識編3

1 / 番手(ヤーン・カウント Yarn Count)とは

　近頃、雑誌や服飾関係の書籍を目にする中で、ときどき誤解されて伝えられている言葉として「番手」と「スーパー何々」の数字がある。たとえば、毛織物の品質を表す一つの目安として「スーパー120's」とか「130's」という言葉があるが、時にこの数字が番手の数字として間違って使われているのを見ることがある。
　では、まず番手とは何かというと、これは「糸の太さ」を表す言葉である。そしてスーパーというのはその糸を構成している「繊維の太さ」というか、細さを表す言葉である。つまり、正確な使い方としては、たとえば「スーパー120'sの原料を使用してつくられた72番手の糸」ということになる。
　では、糸の太さを表す〝番手〟はどのような素材に使われるのであろうか。まず、番手を使用して太さを表す場合、その糸は〝繊維〟の集合体でなければならない。つまり、一本一本が数cmから時に十数cmの長さからなり、細さは1000分の何々mmという細さでできている、動物の体毛や植物の茎や綿（化学繊維も含む）からなるものである。これらを繊維と言うわけだが、簡単に言うとこれらの〝繊維〟を撚ることで、一本のつながった糸ができ、このようにしてできる糸の太さを表す場合に使われる記号を番手と言う。ちなみに〝スーパー〟を使って繊維の太さを表せるのは羊毛に限られる。
　つまり、番手で表記できる糸は、短い繊維を撚り合わせてつくった糸なので、これを短繊維、あるいはスパンと言う。また、たとえば釣り糸やギターの弦のように、つながった一本の長い糸、天然繊維でいうと蚕が吐き出す絹糸もそうだが、このような糸は長繊維またはフィラメントと呼ばれている。これらフィラメントの太さを表す記号にはデニール、テックス、デシテックスなどが使われるが、これらは別項とする。

それではこれらの記号（番手）はどのような基準で決められているのかと言えば、繊維の原料によって基準が違うというややこしい状態になっているのが現状である。つまり、羊毛、木綿、麻は、共に表記は〝番手〟なのだが、基準となる数値が違うので、同じ数字でも繊維によって太さが異なるということになる。

　羊毛の番手については、これがメートル法でできているので最も簡単と言える。つまり、1000gの羊毛を1000mまで伸ばした場合の太さを1番手としている。1000gという重さを基準として、どれだけ引き伸ばすことができるかによって決定された数値によるので、これを恒重式と呼んでいる。したがって10番手、20番手と数字が大きくなるにつれて糸は細くなるというわけである。

　スーツなどで使用される糸の太さは、おおむね60〜80番手ぐらいが多く、これ以上太い場合も細い場合も、最近では特殊番手に入る。したがって、スーパー120'sの120を番手の数値と間違えた場合、相当に細い高級な原料を使用しているということになり、毛織物では通常あまり使わない数字である。

2 / スーパー表示 Super XX's とは

　番手の項の中で、よく間違えられるものとしてスーパー表示の数字を挙げた。スーパーというのは「繊維の太さ（繊度）」を表す数字であり、1997年にザ・ウールマーク・カンパニーが数字の統一を行った。手元にある昭和初期の素材辞典には、すでにスーパー80'sという表記が存在するので、言葉自体は新しいものではなく、繊度と数字を明確にさせたのがこの1997年からということになる。

　現在、衣料品、なかでも紳士スーツ用梳毛ウールの原料は、オーストラリア産のメリノ種が主流を占めている。ほとんどがメリノ種と言ってよいほどである。従来、これらメリノ種のランクは、ファイン・ウール、スーパー・ファイン・ウール、エクストラ・ファイン・ウールなどと言葉で表現されていた。しかし、現実にはこのようなランクを表示してもよく分からないというのが問題であった。したがって、「世界の23羊毛工業国で構成する国際羊毛繊維機構（IWTO、本部ブラッセル）とザ・ウールマーク・カンパニーは長年の懸案であった毛織物のス

ーパー表示統一問題で最終合意を見、今年9月から世界共通のラベリング・システムを採用すると発表した」（2002年2月27日付。ザ・ウールマーク・カンパニーのホーム・ページより抜粋）ということになり、現在はポピュラーなウール品質を表す言葉となっている。

それではこれらスーパー表示の数字はどのように決められているのかというと、ピュア・ニュー・ウール Pure New Wool を対象として、一定の範囲の中での繊度の割合で決定される。

18.5ミクロン*の太さ（繊度）の繊維をスーパー100'sとして、0.5ミクロンずつ細く（太く）なるごとにスーパー表示は10ずつ変化していく。つまり、スーパー110'sだと18.0ミクロン、スーパー120'sでは17.5ミクロンというようにである。実際に糸をつくる場合には、糸の太さに適合する繊維の構成本数というものがある。これは糸の強さとか風合いを最適にするためのバランスということである。たとえば60番手の糸に最適な繊維の構成本数が仮に100本だとしたら、どの程度の太さの繊維が使えるかは自ずから決まってくる。したがって、細番手の糸には必然的に細いミクロンの繊維が使われることになるわけである。多くの素材メーカーは、細番手・細繊維のデリケートな素材をつくることでイメージを高めようとする。ところが現実にはスーパー表示だけで素材の価値を決めることはできないのである。繊維の長さの近いものがどのくらいの割合で入っているか、あるいは繊維の白度などがかかわってくる。

*1ミクロン＝1mmの1/1000（0.001mm）。

基礎知識編

■ 平均繊度とスーパー表示 (平均繊度の単位：ミクロン)

	平均繊度		平均繊度
スーパー80's	19.5	スーパー150's	16.0
スーパー90's	19.0	スーパー160's	15.5
スーパー100's	18.5	スーパー170's	15.0
スーパー110's	18.0	スーパー180's	14.5
スーパー120's	17.5	スーパー190's	14.0
スーパー130's	17.0	スーパー200's	13.5
スーパー140's	16.5	スーパー210's	13.0

3 番手とは（麻・綿）

　番手の話の中で、恒重式という言葉が出た。これは一定の重さを基準として、糸をどれだけ引き伸ばせるかによって番手の数値が決定される方式を言う。毛織物は恒重式の中でメートル法を用いており、最も分かりやすい方式だった。この項は同じ恒重式ではあるが、ヤード・ポンド法（英式）を用いている麻と綿についての話である。しかもやっかいなことに、同じ英式であっても麻、綿（コットン）ともに基準となる重量は1ポンドであるのに対し、基準の長さが違うというものである。なぜこうなのかは歴史上の問題になるので従うしかない。

　18世紀末のフランスにおいて、世界共通の単位制度の確立を目指してメートル法が制定され、1867年のパリ万博に集まった学者の団体が、メートル法での単位統一を図るという国際決議を行い、多くの国がこれに協調したのだ。しかし、150年近くを経た現在、未だにヤード・ポンド法が残っていることに、英国とひいてはアメリカのプライドが見てとれて面白いのである。

　このような英国だが、現在ではメートル法に移行しており、頑固なアメリカ以外の国（リベリアとミャンマーを除く）では概ねメートル法が施行されている。とは言え、そのことが未だに分かりにくい状況を招いているのは繊維業界だけのことではない。以前、アイダホ州で釣りに行く機会があった時だが、許可証をもらうときに体重は何ポンドかと聞かれて困ったことがあった。

　ということで、まずは麻の番手についてであるが、1ポンド*あたりの長さが300ヤード**（274m）のものを「1番手」といい、ウール同様数字が大きくなるに従い、糸は細くなる。また、綿（コットン）については、基準となる重量は麻同様、1ポンドだが、対応する1番手の長さは840ヤード（768m）ということになり、麻糸の太さは同じ表示番手であっても綿糸の2.8倍ということになる。また、同様に毛糸は約1.7倍であり、同じ番手表示であっても細い方から綿、毛、麻の順で異なっている（19ページ「主要番手換算表」参照）。

*1ポンド：pound =453.6g。　**1ヤード：yard =0.914m。

4 ／ 長繊維の太さの単位、デニール、テックス、デシテックスとは

　この項では、短繊維における太さを表す"番手"に対して、長繊維（フィラメント）の太さを表すデニール、テックス、デシテックスについて説明する。

　短繊維における恒重式とは逆に、長繊維においては恒長式という方式を使用する。恒重式では単位重量あたりの長さの変化による数量を番手という記号を使って表すのに対し、恒長式は単位長あたりの重さの変化による数字を単位とする方法である。

　やはり、短繊維における番手同様、デニール、テックス、デシテックスは、三者とも基準となる長さが異なる。

　デニールは9000mを基準長とし、この長さのときに1gの重さがある糸の太さを1デニールとし、番手とは逆に数字が多くなるほど糸は太くなる。

　天然繊維のフィラメントに繭糸（絹）があるが、1本の繭糸の太さは3デニール平均と細く、強度面からも1本で使われることはない。7個の繭糸を合わせた生糸だと21デニールとなるが、化学繊維と違い太さは一定ではない。そこで慣習として21デニールを中心とした生糸は、21中（にい・いち・なか）と呼ばれるのである。通常の化学繊維はそのままデニールで表記される。

　しかしながら国際的には全ての恒長式をデシテックス（dtexまたはT）に統一したいのであるが、化学繊維はアパレル製品以外にさまざまなもので使われており、それぞれの業界での慣習としての表記法が未だマーケットでは力を持っている。テックスであっても国際単位系（SI単位）での暫定併用単位とされており、日本工業規格（JIS）によって規格化されているため、デシテックスで統一するのは困難なのである。

　1デニールは、糸の長さが9000mの時の1gの重さの糸の繊度を言い、10gでは10デニール（表記は10D、10d、10dr）となる。

　1テックスは、糸の長さが1000mの時の1gの重さの糸の繊度を言い、10gでは10テックス（表記は10tex）となる。

　1デシテックスは、糸の長さが10000mの時の1gの重さの糸の繊度を言い、10g

では10デシテックス（表記は10T、10dtx）となる。
　次に、番手と繊度の互換計算方法を記すので、おおよその差をイメージできればと考える。
「麻番手×0.6＝毛番手　毛番手×0.6＝綿番手」となる。したがって「綿番手÷0.6＝毛番手　毛番手÷0.6＝麻番手」となる。
　麻番手50番の場合、綿番手に換算するとおおよそ「50×0.36＝18番手」ということになる。
　毛番手とデニールの関係は「9000÷デニール＝毛番手」、同時に「9000÷毛番手＝デニール」でもある。
「5315÷デニール＝綿番手」となり、同時に「5315÷綿番手＝デニール」でもあるということになる。
　つまり、150Dの糸は毛番手に換算するとおよそ「9000÷150D＝60番手」となり、綿番手に換算すると「5315÷150D＝約35番手」となる。

■ 番手・デニール換算公式表

	綿番手	毛番手	麻番手	デニール
綿番手	1	×1.693365	×2.80001	5314.88／綿番手
毛番手	×0.5905413	1	×1.65352	9000／毛番手
麻番手	×0.357142	×0.604772	1	14881.6／麻番手
デニール	5314.88／デニール	9000／デニール	14881.6／デニール	1

＜注＞綿・麻＝英式、毛＝共通式。

■ 主要番手換算表

種類	テックス	デニール	綿番手	メートル番手	テックス	デニール	綿番手	メートル番手
基本単位	1g 1000 m	1g 9000 m	840yd (768.1 m) 1lb (453.59g)	1000 m 1000g	1g 1000 m	1g 9000 m	840yd (768.1 m) 1lb (453.59g)	1000 m 1000g
適用品種	共通	長繊維 短繊維	紡績糸	梳毛糸 紡毛糸	共通	長繊維 短繊維	紡績糸	梳毛糸 紡毛糸
換算表	tex	D	番手	番手	tex	D	番手	番手
	1.111	10.0	531.5	900.0	10.00	90.0	59.1	100.0
	2.222	20.0	265.7	450.0	11.11	100.0	53.2	90.0
	2.953	26.6	200.0	338.7	12.50	112.5	47.2	80.0
	3.333	30.0	177.1	300.0	13.33	120.0	44.3	75.0
	4.000	36.0	147.6	250.0	14.76	132.9	40.0	67.7
	4.444	40.0	132.9	225.0	15.54	140.0	38.0	64.4
	4.921	44.3	120.0	203.2	16.67	150.0	35.4	60.0
	5.000	45.0	118.1	200.0	19.68	177.2	30.0	50.8
	5.556	50.0	106.3	180.0	20.83	187.5	28.4	48.0
	5.905	53.2	100.0	169.4	22.22	200.0	26.6	45.0
	6.111	55.0	96.6	163.6	25.00	225.0	23.6	40.0
	6.667	60.0	88.6	150.0	27.78	250.0	21.3	36.0
	7.381	66.4	80.0	135.5	29.52	265.7	20.0	33.9
	8.333	75.0	70.9	120.0	59.05	531.5	10.0	16.9
	9.842	88.6	60.0	101.6	100.00	900.0	5.9	10.0

〈注〉各番手間の換算式はつぎのとおりである。

$$綿番手 = \frac{5314.88}{デニール}$$

$$テックス = デニール \times 0.1111$$

$$メートル番手 = 綿番手 \times 1.693$$

$$テックス = \frac{590.54}{綿番手}$$

$$メートル番手 = \frac{9000}{デニール}$$

$$テックス = \frac{1000}{メートル番手}$$

＊デシテックス(dtex)は、テックス(tex)の $\frac{1}{10}$ を言う。

(『繊維ハンドブック2000』より引用)

5 糸の撚りとは──糸の撚りによる分類

　生地の性格を表す言葉に「ぬめり」とか「シャリ感」という表現がある。ぬめりは柔らかさとか滑る感じを表し、シャリ感はさらさらしたイメージや張り腰を想像させる。これらを総合して「風合い」と言うが、一般的に風合いが良いという場合、どちらかと言えばぬめり感のあるソフトな柔らかい素材を指すことが多い。では風合いとは何であろうか。風合いとはまさに風の向きなのである。つまり、用途や目的に対してよくできているか否かで風合いが良いとか良くないとか言うべきであり、風合いが良い＝ソフトで柔らかな、というのは当たらないのではないかと思う。

　さて、そのような生地の風合いを決定する要素はいくつかあるが、第一は原料の違いによるものである。ウールとカシミヤの違い、あるいは綿と麻の違いなどである。その他、製織時での打ち込みの強弱、整理による違いなどがあるが、最も織物の性格を表す条件として「糸の撚り」による変化がある。「ぬめり感」のある生地をつくる場合、織り糸は緩やかに撚られ（甘撚り）、「シャリ感」を表現する場合は「強撚」となるわけである。ということで、本題の糸の撚りによる分類に話を進めよう。

　その前にまず糸の成り立ち、糸の定義を知る必要がある。糸には紡績糸とフィラメント糸があるが、ここでは撚りが重要となる紡績糸を中心に解説をする。

● **紡績糸**
　まず、「紡績」とは毛、綿、麻などの短繊維（スパン）を糸にすることを言う。言葉の意味としては「紡」がつむぐ、撚り合わせることであり、「績」は長いとか伸ばすという意味である。つまり、何らかの撚りがかからなければ短繊維から一本の糸をつくることはできない。したがって「紡績糸」（スパン・ヤーン）とは、短繊維（ステープル・ファイバー）の集まりであり、「わた」を紡いで糸にしたものと定義づけることができる。

　では、撚ることによって糸はどのような長所を持つのであろうか。

①一定の太さ（均一性）を与えられる。
②弾力性及び伸縮性を与えられる。
③丸味を与えられる。
④光沢を与えられる。
⑤強さを与えられる。
などが考えられる。

● 撚りの方向

　撚りの方向は右に回転させて撚る場合と、左に回転させて撚る場合がある。右、すなわち時計回りを「右撚り、順撚り（S撚り）」と言い、左回りを「左撚り、逆撚り（Z撚り）」と言う。スパン糸の場合、通常、単糸は左撚りをかける。これは多くの場合、織り糸として使用するには双糸といって単糸をさらに撚り合わせるのだが、その際、右撚りに撚ることが多いために、単糸の段階では左に撚っておくことが多い。ちなみにフィラメント糸は右撚りをかけておくことの方が多い。

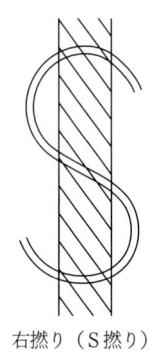

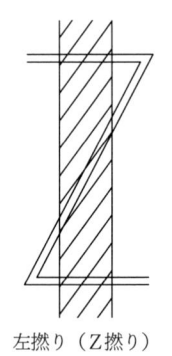

右撚り（S撚り）　　　左撚り（Z撚り）

● 下撚り、上撚り

　紡績糸の織糸は、通常、強度の点からも単糸を2本撚った、いわゆる双糸として使用されることがほとんどである。特に経糸はそうだ。また、毛織物の多くは通常S撚りの糸を使用する。それぞれの単糸同士は、逆に撚られていないと安定

感のある糸にすることができず、結果的に単糸の段階での撚りは左撚り、つまりZ撚りということになる。

このように単糸にかけられている撚りのことを「下撚り」と言う。そしてこれら単糸同士を撚り合わせてかける撚りを「上撚り」と言う。つまり、通常、私たちが見ている1本の糸というのは上撚りされた糸を言うわけである。また、これらS撚りされた糸を「順撚り」と呼ぶのは、前ページに記したとおりである。

なお、盛夏ものなどに使われるシャリ感を持った生地をつくるためには反対に硬く締まった糸が必要なのだが、その場合は上撚りの方向を下撚りと同じにすることで、不安定な感じをつくることができる。この糸を「逆撚り」と呼んでいる。

● *撚り回数*

太い糸と細い糸では当然同じ目的であっても撚り回数は変わってくる。一概に撚り回数だけでは強撚、甘撚りを決めることはできないが、概略としてはおおよそ以下の撚り回数となる（2/72の番手を基準とした場合）。

①甘撚り糸＝1インチ間の撚り回数が18回以下のもの
②普通撚り糸＝1インチ間の撚り回数が18〜21回程度のもの
③強撚糸＝張り腰をもたせ、シャリ感を付けるために撚り回数を多くしたもの

ニット糸などは甘撚りの糸を使用する。織糸は生地の用途に応じたさまざまな撚り回数が存在する。

6 撚糸の種類

前項では糸の撚り（撚糸）の説明をしたが、紳士服地においては通常同じ太さ（番手）の糸を撚り合わせて織り糸として使用することが多い。しかしながらニットを含め織物には無限の表現があり、特に婦人服に供する生地は紳士服地と比較すると膨大な種類が存在する。その表現方法の中で〝糸〟の果たす役割は多く、通常のシンプルな織り糸と組み合わせて使用する飾り糸の種類は多岐にわ

たっている。

　以下に、代表的な飾り糸（ファンシー・ヤーン／意匠糸）を載せておく。

ループ・ヤーン　芯糸と逆の方向に撚りをかけることで、意図的にループ（輪）をつくったもの。糸の撚り回数の差を利用する

モール・ヤーン　2本の糸を撚る過程で別の糸を巻きつけ、後でナイフでカットすることにより、糸の中に直立して毛羽立った糸ができる

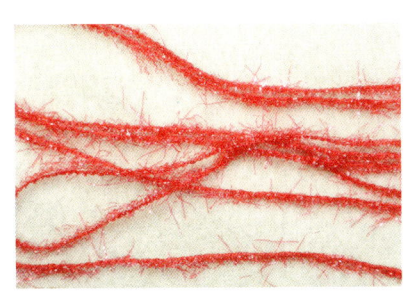

タムタム・ヤーン　シャギー・ヤーンとも言われ、ループ・ヤーンの仲間と言ってもよい糸である。ループ・ヤーンのループをカットし、毛羽立たせることでつくる

スラブ・ヤーン　節糸とも言う。糸のところどころに節（スラブ）をつくることで、織物の表情を豊かにする。ネップ・ヤーンはやや小さい節の糸を言うが、明確に分かれてはいない

7 ／ 撚り方向と綾目

　綾目は糸の撚りと逆方向に表れる。つまり、主にコットンなどで単糸を用いた場合、綾目が左上がりに表れているのを見ることができる（チノクロスなど）。スパン単糸の多くは左撚り（Z撚り）で製糸されているので、斜紋方向は逆の左上がり（右下がり）で表れるのである。双糸を用いた場合は右撚り（S撚り）となるので、コットン生地であっても右上がりの綾目となる。これは糸の撚り方向

023

と反対の綾目に織ることで、表面の美しさを表すことと、歪みなどが起こりにくくするためなのである。

したがって、通常、生地の裏表を判断する場合、綾織りは毛織物では綾目が右上から左下に通っている方が表である。また、綿織物の場合は、綾目が左上から右下に通っているもの（チノクロスなど）と毛織物同様右上から左下に通っているものがあるので注意が必要である。

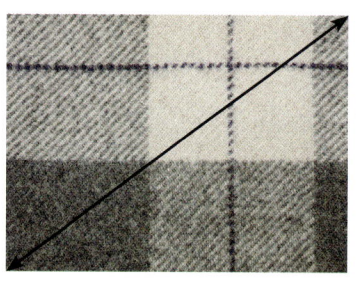

毛織物での斜紋線（綾目）の出方は、経糸に双糸が使われている場合には、生地の表側では斜紋線は右上から左下に通るので、こちらの面を表側と判断できる

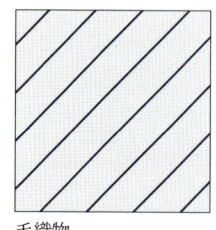

毛織物
斜紋線（綾目）の出方

綿織物で、斜紋線（綾目）が左上から右下に通っているのが表側の場合、経糸は単糸が使われている。表裏の判断は、織物の整理（フィニッシング）で判断できる

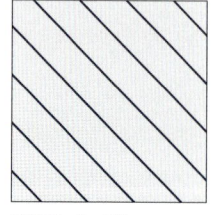

綿織物（一部）
斜紋線（綾目）の出方

8 梳毛糸と梳毛織物

毛織物には梳毛糸を使って織られた梳毛織物（ウーステッド・ファブリック、ウーステッド・スーティング）と、紡毛糸を使って織られた紡毛織物（ウールン・ファブリック）とがある。正確にはそれらをミックスした梳毛紡毛という織物も存在するが、まずは梳毛から解説しよう。

梳毛とは読んで字のごとく梳った毛ということで、梳毛紡績工程を通すことで

細くて長い羊毛繊維がつくられる。つまり、繊維が櫛を通ることによって一方向に揃えられ、つくられた糸ということになる。以下にその過程を記述する（次ページの図参照）。

　刈り取られた羊の毛が工場に入るとまずは①選毛が行われる。羊は年齢、性別によって、さらに同じ羊でも部位によって毛の太さ、長さが違うので、使用目的別に分類をする。次は②洗毛工程である。羊の毛はそのままでは脂やごみが付いたままなので、まず洗毛が行われる。この時点で落とされた脂（ラノリン）は、精製されて口紅など化粧品の原料として使用される。肉、毛皮、毛のみならず脂まで使えるとはなんとも偉大な動物と言える。

　その後③カーディング、④ギリングなどの工程を通ってひたすら平行に揃えるための⑤梳毛工程（コーミング）に入る。この時点で不純物や短い不揃いの毛が取り除かれるが、これをノイルと言って紡毛糸をつくる上での材料になる。さらに⑥再洗し、きれいになることで美しい羊毛トップができ上がる。⑦トップ染めをする場合は、この状態で管に巻き取られた約7kg単位のトップをトップ染めの工程に入れるのである。

　さらに糸状の細いものにするために、子供の手首ほどの太さのトップを⑧前紡機から⑨精紡機を通していくことで徐々に細く引き伸ばされ、⑩合糸から撚糸されてさまざまな番手の糸がつくられる。ここに単糸が誕生するのだが、実際に使用されるにはさらに2～3本が撚り合わされてようやく織り糸としての梳毛糸ができ上がる。この時点で染めた場合を糸染めと呼んでいる。こうしてできた糸を使用して織り上げられた織物を梳毛織物と言う。

■ 梳毛織物ができるまで①

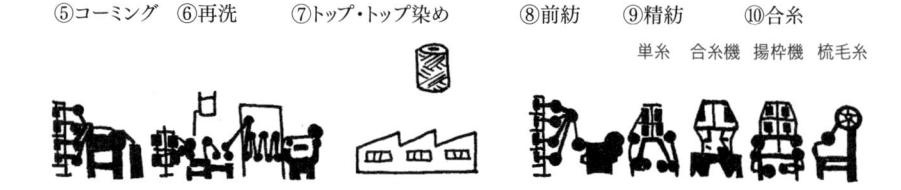

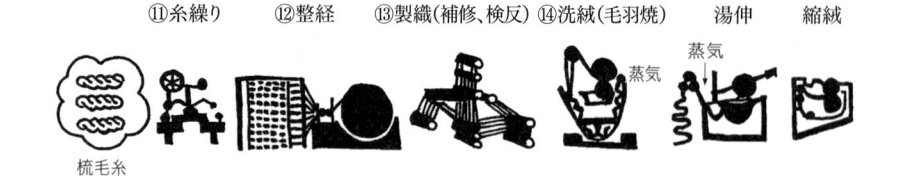

①原毛選毛　②洗毛・蒸絨・乾燥　③カーディング　④ギリング
　　　　　　　　　　　　　　　　梳毛カード　粗紡(粗糸)

⑤コーミング　⑥再洗　⑦トップ・トップ染め　⑧前紡　⑨精紡　⑩合糸
　　　　　　　　　　　　　　　　　　　　　　単糸　合糸機　揚枠機　梳毛糸

⑪糸繰り　⑫整経　⑬製織(補修、検反)　⑭洗絨(毛羽焼)　湯伸　縮絨
梳毛糸

幅乾燥　⑮起毛　剪毛　圧絨　光沢　パーマネントセット　検反・包装
　　　　　　　　　　　　　　　　　　　　　　　　秤量→荷造り
　　　　　　　　　刷毛　蒸気　蒸気　　　折りたたみ
　　　　　　　　　　　　　　　　　　　　　　　　　　毛織物

(参考／『ファブリック コモンセンス』)

● 紡績工程

① 原毛選毛

羊の毛を刈った状態での羊毛（フリース）を、原毛と言う。種類、性別、体の場所による太さ、長さなどの違うものを用途別に分ける。

② 洗毛・蒸絨（じょうじゅう）・乾燥

乾燥し、選別された原毛は、洗毛される。この時に落ちた脂は、抽出・精製され「ラノリン」になり、化粧品の原料などになる。

③ カーディング

ここから梳毛糸（そもうし）にするためにいくつかの工程を通るのだが、毛をきれいにして一定の方向に揃えることを言う。まず、カード機を通って粗紡が行われる。洗毛で取れない不純物や短い羊毛が除かれる（ノイル）。

④ ギリング

次にギルボックスを通り、少しずつ綿が平行に揃えられていく。

⑤ コーミング

いわゆる梳（くしけず）るという意味のコーマー（梳毛機）にかけることで、さらに整った綿になっていく。

⑥ 再洗

再洗機で洗い、糸になる前の篠（しの）状の羊毛繊維ができ上がる。

⑦ トップ・トップ染め

羊毛トップのでき上がり。この段階で染める場合をトップ染め（わた染め）と言う。なお、トップをつくる工程は公害問題などがあり、現在は半製品のトップを海外から輸入しているメーカーが多い。

⑧ 前紡（ぜんぼう）

トップは前紡機を通り、繊維をよく混ぜ合わせ、平行に伸ばしながら精紡（せいぼう）機に入っていく。

⑨ 精紡

精紡機を通り、さらに細く引き伸ばされて撚（よ）りをかけられ、さまざまな番手の糸がつくられる。

⑩ 合糸

ここででき上がった糸を単糸と言うが、多くの場合ここからさらに2〜3本の単糸を撚り合わせて梳毛糸ができ上がる。

● 紡織工程

⑪ 糸繰り(いとくり)

経糸(たていと)を目的の織物に必要な長さ及び色と本数に揃え、整経機のビームに巻き取る前段階の装置。

⑫ 整経(せいけい)

経糸を整えビームに巻き取る。こののち経糸一本ずつを綜絖(そうこう)*に通し、織物の経糸が準備される。

⑬ 製織(補修、検反)

綜絖が柄の設計により上下して開口する間を緯糸(よこいと)が通ることで織物が織られていく。シャトル織機、レピア織機、ジェット織機など、機械の種類により、緯糸を通す方法や速度が異なる。織り上がった段階で補修及び検反を行う。

⑭ 洗絨・湯伸・縮絨・幅乾燥(せんじゅう・ゆのし・しゅくじゅう・はばかんそう)

織り上がった状態の織物は手ざわり、見かけ共によくないが、仕上げを行うことで美しい織物に変貌する。仕上げの第一段階では織物を洗い(洗絨)、煮絨し(湯伸、縮絨)、乾燥し(しゃじゅう)ながら幅を一定にしていく(幅乾燥)。

⑮ 起毛・剪毛・圧絨・光沢(きもう・せんもう・あつじゅう・こうたく)

仕上げの最終段階は、目的に応じて織物の表面を起毛しあるいは剪毛してクリアにする。そののち圧を加え(プレス)光沢を出し、最終検反を経て出荷に至る。

＊綜絖／織機の最も重要な部品で、横糸を通すために、縦糸を上下に分ける器具。

■ 梳毛織物ができるまで②

糸繰りから整経機に経糸が巻き取られる様子

高速織機で製織中

織り上がりの生地を洗絨（ロープ水洗）

洗滌の後の乾燥

検反が終わったら完成

基礎知識編

9 紡毛糸と紡毛織物

　紡毛織物のことをウールン・ファブリック Woolen Fabric あるいは単にウールン Woolen と呼ぶが、ウーステッド・ファブリック Worsted Fabric（梳毛織物）との対比として使う場合と毛織物全体の仕事に対しての意味を持つ場合とがある。

　つまり、羊毛そのものを扱う人たちをウール・マーチャント Wool Merchants（羊毛商）、ウール・ブローカー Wool Broker（羊毛仲買人）などというように、毛織物を扱う人たちをWoolen（Woollen）何々というわけである。古い資料にあるいくつかの仕事を挙げてみると、ウールン・マーチャント Woolen Merchants（羅紗商）、ウールン・ドレーパー Woolen Drapers（毛織物商）、ウールン・インポーター Woolen Importer（羅紗輸入商）、ウールン・ブローカー Woolen Broker（羅紗取次商）、ウールン・ジョッバー Woolen Jobber（羅紗中次問屋）などである。

　さて、もう一方の紡毛を意味するウールン Woolen である。紡毛糸（ウールン・ヤーン）は簡単に言えば、梳毛糸（ウーステッド・ヤーン）と違って繊維長の短いウール及び均一でない繊維をも含み、かつ梳毛のように一方向に繊維が梳られて揃えられたものではない。言うなれば自由な、と言っても良いウール繊維でつくられた糸であり、その糸により織り上げられた生地ということができる。その名のとおり短い繊維を紡いで糸にしており、梳毛のように均一な糸でないことからくる粗野な感じと温かみが特徴である。英国の寒い地方で、英国羊毛と共に生まれたと言うべき素材で、防寒に適したものが中心である。縮絨することでさらにヘヴィーデューティーなものとなる。

　代表的なものに、ツイード Tweed、メルトン Melton、フランネル Flannel などがある。紡績工程は、梳毛工程に比べて短く、原料の調合の方法によりさまざまな雰囲気を持った糸をつくることができる。

■紡毛糸ができるまで

　まず、梳毛における"選毛"同様、目的の糸をつくるために原毛の選別が行われる。次に洗毛工程だが、意味合いは梳毛と同様である。

　次は調合工程。梳毛紡績の過程で落ちた短いウール（ノイル）や繊維製品から再生されたさまざまなサイズの毛糸が混ぜ合わされる。

　次に紡毛カード、いわゆるカーディングが行われる。洗い上がりの絡み合った羊毛を回転しているローラーに通し、繊維の太い束をつくっていく。その後、決められた番手の糸を引くために、撚りをかけながら引き伸ばして所定の糸をつくる。紡毛紡績機には主にミュール精紡機*を使う。撚りと巻き取りを交互に行うため、リング紡績機**より生産効率が低いのであるが、一方で毛足の短い原毛も紡績することができるという特徴を持っており、さまざまな原料を混ぜて色合いや風合いの違う毛糸をつくるのに適している。

＊ミュール紡績機／粗糸を引き伸ばしながら同時に撚りをかけていく紡績機。撚りと巻き取りは同時に行えない。
＊＊リング紡績機／2つのローラーの回転速度差で綿を引っ張りつつ、真下にあるフックと糸巻きの周りを回るリングで、同時に撚りをかけていく紡績機。撚りと巻き取りを同時に行える。

■ 紡績工程

```
                            主な原料

    ┌──────────┬──────────┬──────────┬──────────┐
    │ 毛 ボロ  │スフ、テトロン│梳毛の副産品│  原毛    │
    └────┬─────┘     │     └────┬─────┘     │
         ↓                      ↓            │
    ┌─────────┐             ┌─────────┐     │
    │  屑選   │             │  洗滌   │─┐   │
    └────┬────┘             └────┬────┘ │   │
         ↓                       │      ↓   ↓
    ┌─────────┐                  │    ┌─────────┐
    │  洗滌   │                  │    │  火炭   │
    └────┬────┘                  │    └────┬────┘
         ↓                       │         │
    ┌─────────┐                  │         │
    │  反毛¹  │                  │         │
    └────┬────┘                  ↓         │
         └──────────→ ┌─────────────┐ ←────┘
                ↑     │  紡毛原料   │
                └─────┴──────┬──────┘
                             ↓
                       ┌─────────┐
                       │  選別   │
                       └────┬────┘
                            ↓             ┌─────────┐
                       ┌─────────┐        │  毛染   │
                       │  洗毛   │        └────┬────┘
                       └────┬────┘             │
                            ↓                  │
                       ┌─────────┐             │
                       │ 火炭中和│             │
                       └────┬────┘             │
                            ↓                  │
                       ┌─────────┐             │
                       │  調合²  │←────────────┘
                       └────┬────┘
                            ↓
                       ┌─────────┐
                       │カーディング³│
                       └────┬────┘
                            ↓
                       ┌─────────────┐
                       │スピニング・精紡⁴│
                       └──────┬──────┘
                              ↓
                       ┌─────────────┐
                       │   紡毛糸    │
                       └─────────────┘
```

〈注〉
1. 反毛（はんもう）
毛織物や毛糸のくずなどを機械処理して原毛（わた）の状態にしたもの。再生羊毛。

2. 調合
ノイルや再生羊毛などの原料を混ぜ合わせる。紡毛糸と梳毛糸の最も違うところである。

3. カーディング
洗い上がった原料をローラーに通して揃えながら束をつくる。

4. スピニング・精紡（せいぼう）
撚りをかけながら引き伸ばし、指定される番手の糸をつくる。

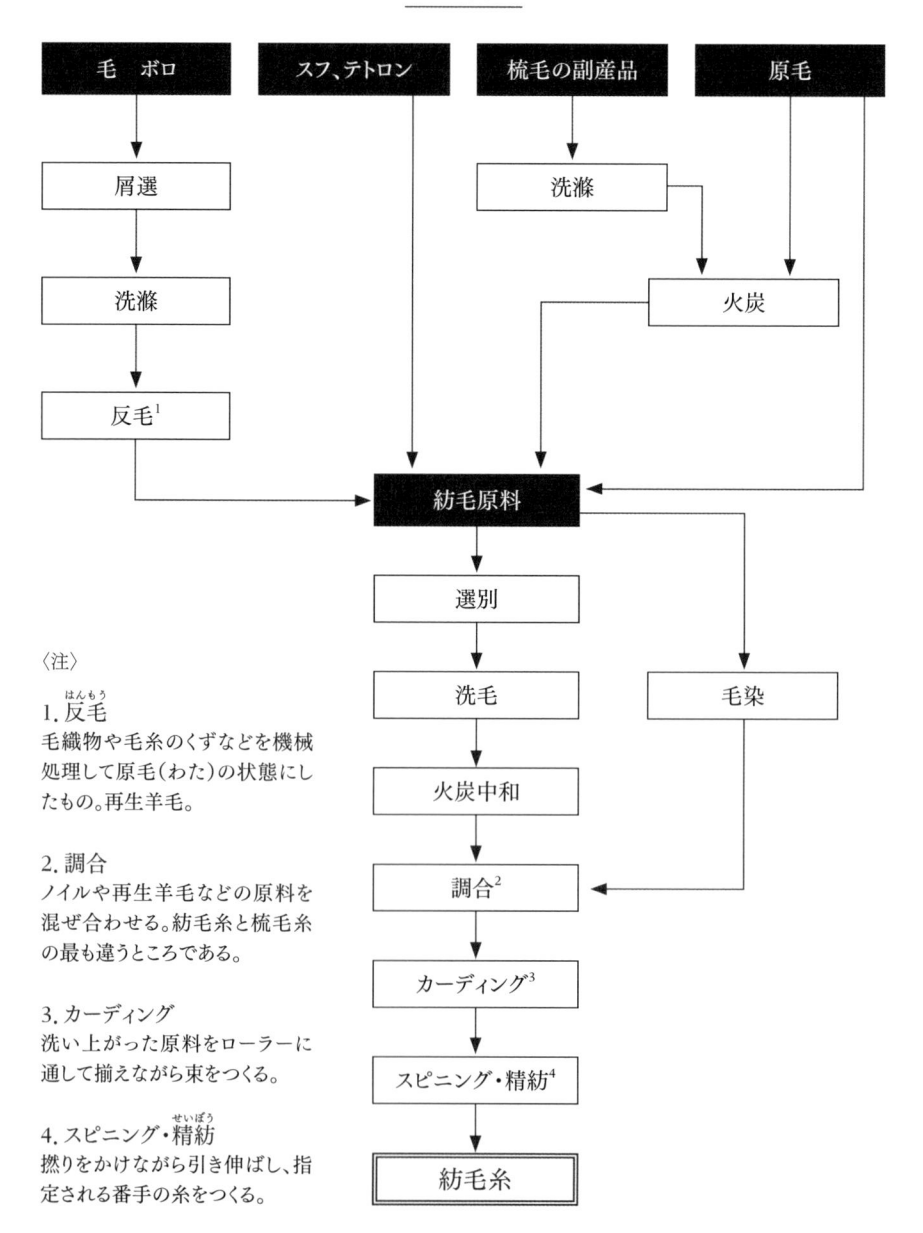

4 織物の組織について

基礎知識編4

1 / 三原組織〈平織り〉

　織物というのはどんなものでも3つの基本的な組織からできており、変わったように見えるものでもこの3種類の変化形である。それは「平織り」、「綾織り」、「朱子（繻子）織り」の3種類のことであり、いわゆる経糸を整経＊しておいて、緯糸を通していくことでつくられる織物は、すべてこのグループと言える。

　まず、平織りだが、次ページの図①で分かるように、経糸、緯糸ともに1本ずつ交互に交差して織り上がっている、最も単純で基本的なもので、英語でもそのままプレイン・ウィーヴ Plain weave と言う。最もしっかりとした組織であり、単純なために（経糸と緯糸の交差が多いので）スリップしにくく、特に夏素材やシャツ素材など薄手の生地に使用される。スーツ地でのトロピカル、ポーラー、シャツ地でのブロード、ボイル、オーガンジーなどがその代表である。

　この三原組織を元にして変化組織があるのだが、最も単純な平織りにも変化組織と言えるものがある。1本ずつの交差の平織りに対して2本あるいはそれ以上の本数を揃えてひと固まりの糸として（引き揃え）、平織りを構成する。

　図②のように経糸、緯糸共に2本ずつをひと固まりとして平織りにしたものをマット・ウィーヴ Matt weave あるいは斜子と言う。毛織物ではマット、シャツ地ではオックスフォードがポピュラーな呼称である。

　なお、引き揃えの本数が2本以上の場合は、バスケット・ウィーヴ Basket weave と呼んでいる。日本語ではそのまま籠目織りである。平織りなのであまりバリエーションは多くないが、最後は〝畝〟である。畝はバランスが悪くなるためかあまり見かけることはない。畝はマットの経糸か緯糸だけが2本で、相対する糸が1本というもの。経1本、緯2本の場合を経畝織り、緯1本、経2本を緯畝織りと言う（図③）。

■ 組織図　平織り

①平織り

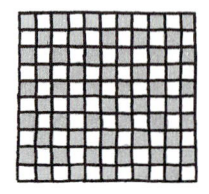

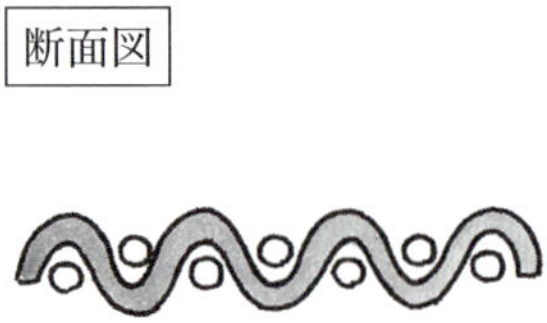

断面図

平織り（例：ポーラー）

②マット・ウィーヴ（斜子）

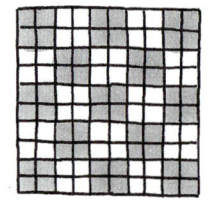

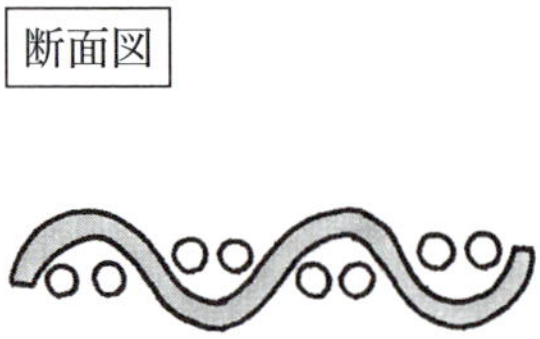

断面図

斜子（例：マット・ウーステッド）

③-1 経畝織り　　③-2 緯畝織り

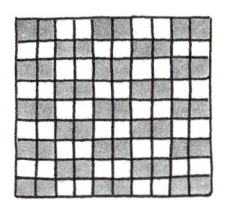

畝織り

＊整経／織物を織るのに必要な長さと本数の経糸をローラー（ビーム）に巻き、綜絖（そうこう）に糸を通す前の段階を言う。写真に見るように、左側の糸繰機から右にある整経機を通り、ビームに経糸を巻き取っていく。

2 三原組織〈綾織り〉

　綾織り、ツイル・ウィーヴ Twill weave は斜文織りとも呼ばれ、その名のとおり、表面に斜めの畝状の筋が走って見えるのが特徴である。平織りのように、緯糸の交差回数の多い織物は、となりの糸から離れようとするために隙間が多く薄地の織物になるのであるが、綾織りや朱子織りなど交差回数の少ない織物は隣り合う複数の糸が接近しようとするので隙間の少ない厚手の織物をつくることができるわけである。

　経緯の糸の飛び方によって呼び方は違ってくる。最も基本となるのが2/2（にい・にい）の綾、次いで2/1、1/2、3/1、稀に3/3、3/2などがある。これは経糸（あるいは緯糸）に対して緯糸がその上を何本飛んで潜っているかによって異なる組織図からくる呼び名であり、これらの組み合わせでさまざまな組織が存在するわけである。これは平織りではできないバラエティーの多様さである。

　まずは2/2の綾である。秋冬素材で最も多く使われる基本の組織である。経緯ともに2本ずつ飛んで2本ずつ潜る（図①）という非常にバランスの良い組織で、経糸の密度を変えることで綾の角度が変わってくる。約45度のサージ及びサキソニーやギャバジン、さまざまなカルゼなど急角度の斜文まで数多く存在する。

　次が2/1の綾である。最近では冷暖房環境が整ったため、ビジネススーツなどでは年間を通じて販売されている組織である。平織りの軽さと綾織りの豊かな表情を併せ持つ近年使われることの多くなった組織と言える。経糸が2本飛んで1本潜るのを2/1、緯糸が2本飛んで1本潜るのを1/2と言い、図②のように表面に現れる糸の面積が異なるので、経緯の色が違えば表と裏の色が変わってくる。

　最後に3/1の綾であるが、図③のように、デニムを考えてもらえばよく理解できる。デニムは経糸にインディゴの藍色を使用し、緯糸は生成りを使用している。したがって経糸が3本飛んで1本潜るということだから、表は4分の3が藍色となる。当然、裏から見れば1/3の綾ということだから、裏側は4分の3が生成りになる。このように、綾織りは幅広くさまざまな表現ができ変化組織も多数存在する。ヘリンボーンなども綾の変化織りの一つと言える。

■ 組織図　綾織り

①2/2綾

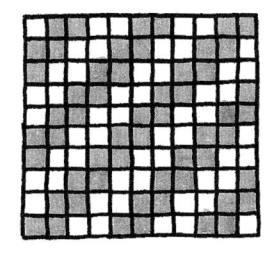

断面図

2/2綾（例：サージ）

②1/2綾

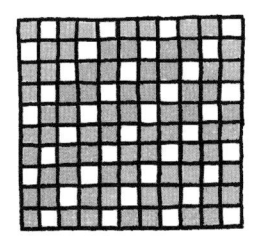

断面図

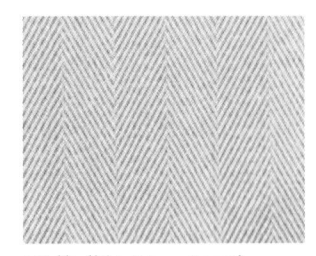

1/2綾（例：サン・クロス）

③3/1綾

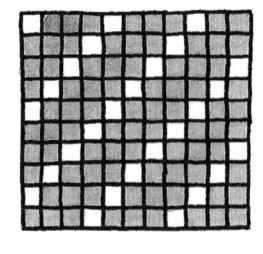

断面図

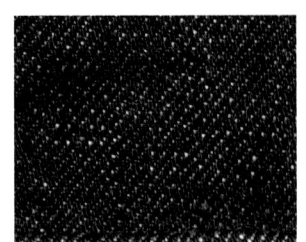

3/1綾（例：デニム）

3 三原組織＜朱子（繻子）織り＞

　三原組織の3番目は朱子(繻子)である。いわゆるサテン Satin であるが、半世紀ほど前の資料には、「Satin と書く場合は絹朱子とレーヨン朱子を指し、綿朱子の場合は Sateen と書く」という記述があった。三原といっても朱子は綾織りの一種ととらえても間違いではないので、綾の変化と言うことも可能である。3本以上、経または緯糸が飛んで5本目に潜ることから4/1（よん・いち）の綾と言わずに5枚朱子と言って、5枚、8枚、10枚、12枚、16枚などがある。毛織物で使われる朱子の多くは糸の太さもあって5枚朱子が中心であり、10枚以上の朱子はシルクなどの細い糸で織られたものが主流となる。緯糸または経糸がほとんど見えないので表面が平滑であり、糸によって光沢に富む織物をつくることができる。裏地やチャイナドレス、ネクタイの素材などが代表的なものである。

　一方、朱子織りは平織りや綾織りに比べて糸が飛んでいる距離が長く、耐久性に劣り、スナッギングと呼ばれる引っ掛かりが出やすいのが欠点と言える。また、朱子、特に絹の朱子は、19世紀末までヨーロッパの貴族階級に男女の別なく愛されていた。これは当時、電灯のない薄暗い部屋に住む日常生活のために、光沢に富み、華麗でしかも目立つ衣装を着る必要があったからである。下僕たちは、当然、光沢のないウール地を用いていた。現在においても、当時の蠟燭の明かりでも光沢が反射するようにとの名残をタキシードの拝絹に見ることができる。

■ 組織図　朱子(繻子)織り

5枚朱子

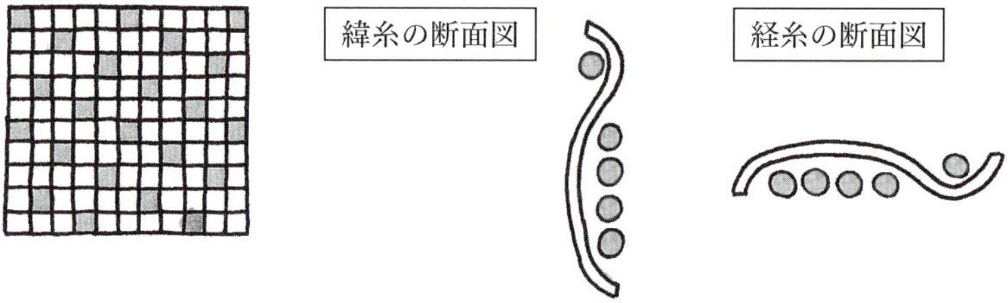

緯糸の断面図　　経糸の断面図

8枚朱子

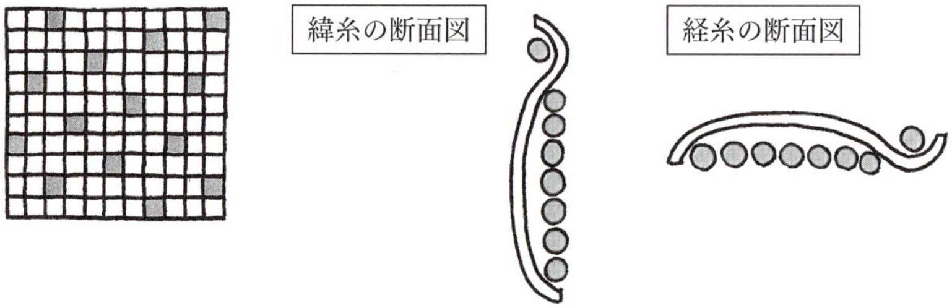

緯糸の断面図　　経糸の断面図

朱子織り
(例：サテン・ウィーヴ)

朱子織り
(例：朱子にストライプ〈縦縞〉柄)

5 織物の目付について

基礎知識編5

　生地素材を判断する材料の一つに目付（ウエイト Weight）がある。最近は日本でも目付を重要なものとして考えるようになってきたが、以前は目付よりも番手を重要視していた。現在でもヨーロッパの素材メーカーは、目付と素材内容だけを表示し、番手を明記しているところはほとんどない。したがって輸入素材の代理店は、アパレルの要求によってその都度海外の生地メーカーに問い合わせるということをしていたが、最近では日本に生地をたくさん販売している外国のメーカーは、初めから番手情報を提供しているところも少なくない。

　ところで、モノづくりの現場として考えれば、数字情報以前に生地を手で触って、これを服にしたときにどのようになるのかをイメージできることの方が大切である。つまり、目付はその際の案内となる目安の一つなのだが、最近は以前に比べて服や生地が工業製品化してきたようである。仮にデザイナーなり仕入れをする人間が生地を手で触って、こんな服ができたらいいなと考えたとしても、クレームが起きないような生地の仕入れ基準になってきているので――引き裂き強度、平面摩耗、染色堅牢度、バブリングなどの多様な基準があり、日本におけるクリアすべき基準の高さはおそらく世界一である――、その結果、少しずつ仕入れ側も鉄とかアルミの板を仕入れるような感覚になってきているのである。

　もちろん色落ちや丈夫さの基準を厳しくすることは大切であるが、そのためにウールの本来持っている良さまで消してしまうとなると本末転倒である。また、最近は食品の偽装問題や品質表示と実際の違いの問題などがあって、カシミヤなどの混率を正確に表示しなくてはならなくなった。とはいえ、試験書を取るのにコストがかかることや手続きの煩雑さから、5〜10％程度のカシミヤ混の素材はウール100％表示にしてしまう場合が少なくないのである。ウール100％だと思ったら実はカシミヤ混だった、ということもあるのだ。

　さて目付だが、ウールの重さを表す目付は、現在ではほとんどダブル幅（150〜155cmくらいの生地幅）×1mの重さを言う。多くの場合、幅は多少の誤差が

生じるので、たとえば「ウール100%、目付310〜320g」などと書かれている。イタリアの生地メーカー同様、現在日本のメーカーも多くは「ダブル幅×1m（ランニング・メートル）」を基準にしているが、日本毛織（ニッケ）のように、「1m×1m（スクエアー・メーター）」の重さを表示する場合もある。輸出を多くしていた時代の名残である。

　ちなみに、ジーンズなどのデニムはいまだにオンスという単位（ヤード・ポンド法）で表示しているが、リーバイスのジーンズなどに表示されているXXというマークが重いデニムを使用しているとのことである。したがって、14オンスといった場合、1オンス＝約28.35gであるから396.9gの目付ということになるが、基準が平方メートルではなく「1ヤード（0.9144m）×1ヤード＝約0.836平方ヤード」ということであるから、メートル法にするとおよそ「397g÷0.836＝475g」ということになって、ウール生地で考えたらかなり重いものということになる。

■目付の表示方法

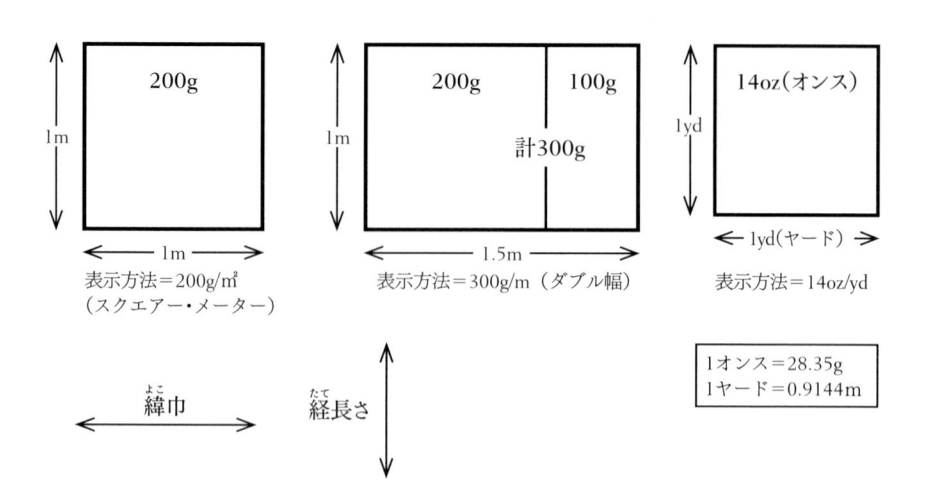

1m × 1m、200g	表示方法＝200g/㎡（スクエアー・メーター）
1m × 1.5m、200g+100g 計300g	表示方法＝300g/m（ダブル幅）
1yd × 1yd、14oz（オンス）	表示方法＝14oz/yd

緯巾（よこ）　経長さ（たて）

1オンス＝28.35g
1ヤード＝0.9144m

6 羊毛と獣毛の種類

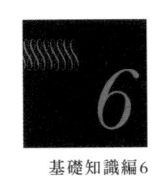

基礎知識編6

1 英国羊毛の種類

　英国のウールはさまざまな特徴を持っており、用途に応じて多様で多目的な種類が存在する。この英国羊毛の主な特徴は弾力性と強度にある。また、羊の種類は世界のどの国よりも多く、品種は60種以上にも及んでいる。羊の生息する地域により7種の主要なグループに分けることができる。
　以下、グループ名、代表的な種、毛のマイクロン・レンジ（繊度幅）、最終用途を表にする。

7グループ	ファイン Fine（上質種）	ミディアム Medium（中長毛種）	クロス Cross（雑種）	ラスター Lustre（長毛種）	ヒル Hill（低岳種）	マウンテン Mountain（山岳種）	ナチュラル・カラー Naturally Coloured（自然色）
ティピカル・ブリーズ Typical Breeds（代表的な種）	サフォーク Suffolk	ウエルシュ・ハーフブレッド Welsh Halfbred	ノース・オブ・イングランド Mule North of England Mule	ブルーフェイス・レスター Bluefaced Leicester	チェヴィオット Cheviot	ウエルシュ・マウンテン Welsh Mountain	ヤコブ Jacob
マイクロン・レンジ Micron Range（繊度幅）	29-35	31-35	29-35	26-35+	30-33	35+	30-35+
メイン・エンド・ユース Main End Uses（主な製品）	毛織物製品 Woven apparel ふとん Futons 手編みニット Hand knitting	毛織物製品 Woven apparel 手編みニット Hand knitting	ニット製品 Knitwear	光沢糸 Lustrous Yarn ニット製品 Knitwear 毛織物製品 Woven apparel	毛織物製品 Woven apparel ニット製品 Knitwear 絨毯 Carpets	絨毯 Carpets	毛織物 Woven fabrics ニット製品 Knitwear 絨毯 Carpets

基礎知識編

041

グループごとの代表的な羊種

ファイン Fine

● クラン・フォレスト Clun Forest

　ショート・ウール・ダウン Short wool Down 種に属する。シュロップシャー Shropshire 種とレイランド Ryeland 種の雑婚によってできた。第二次大戦後、急速に増加した羊種。長さ50〜80mm、繊度29.5〜31.5ミクロン。羊毛の密度が高く、毛質も揃う。弾力性に富み、梳毛、紡毛共に使用される。布団にも使用される。英国種。

● オックスフォード・ダウン Oxford Down

　1830年ごろ、サウスダウン Southdown の血で改良済みのハンプシャー・ダウン Hampshire Down とコルスウッド Colswold を交配してつくられた羊である。1851年、国立の共進会に出品して認められ、これに飼育の中心地であるオックスフォード Oxford の名がつけられた。長さ60〜100mm、繊度31.5〜33.5ミクロン、ケンプ Kemp（死毛）はないが、色毛は混入する。用途は他のダウン種同様、上級品には向かない。

● ライランド Ryeland

　現在では、英国同様ニュージーランドでも飼育頭数は減少しているが、中世から近代にかけて英国の富を築く礎になったと言われる羊である。現在のオランダ、ベルギーに輸出され、英国が欧州へ出征するための軍資金をつくることにもつながった。当時、エリザベス女王はこの羊をゴールデン・フリース Golden Fleece と呼んだほどである。長さ50〜80mm、繊度30〜32ミクロン、英国種のダウン Down 種。

● サフォーク Suffolk

　サフォーク・ダウン Suffolk Down とも言う。いわゆるダウン Down 種。19世紀までは単にブラック・フェイス Black Face と呼ばれていた。長さ50〜75mm、繊度31〜34ミクロン。用途は手編みセーター、フランネル、ツイードなど。英国産のものはシュロップシャー Shropshire 同様ファイン・ウールとして、スコットランド Scotland 産のものはノース・サフォーク North Suffork として取り扱われている。英国種。

ミディアム Medium

● ボーダー・レスター Border Leicester

　イングリッシュ・レスター English Leicester とチェヴィオット Cheviot の交配によって18世紀末に固定された羊種。輸出にも多用され、豪州、ニュージーランドでも多数飼育されている。毛足長200〜250mm、繊度32.5〜35ミクロン、用途は手編み糸、服地、家具用織物など多岐にわたる。英国では純血種として最高の価値を持つと言われる。英国種中長毛種の一つ。

● ロムニー Romney

　英国羊毛公社の規格ではケント Kent の名で格付けされ単独の羊種として取り扱われる羊種であるが、現在、英国では減少を続けている。一方、ニュージーランドでは羊種として代名詞になるほどの産量を得ている。長さ100〜170mm、繊度31.5〜34ミクロン、ケンプ Kemp 及び色毛の混入はなく、密度が高い。肉羊としての需要も多い。英国種長毛種。

クロス Cross

◉ スコティッシュ・グレイフェース　*Scottish Greyface*

　ボーダー・レスター Border Leicester とスコティッシュ・ブラックフェイス Scottish Black Face との交配によりつくられた羊種。主にスコットランド、北イングランドで飼育される。毛の長さが120〜240mmと長いが、ハードな毛質を持つため主な用途はカーペットである。繊度31〜33ミクロン。

ラスター Lustre

◉ ティースウォーター *Teeswater*

　古くからヨークシャー Yorkshire とダーハム Durham の境界のティーズデール Teesdale で飼育されてきた長毛種である。長さ150〜300mm、繊度32.5〜34ミクロン。ケンプ Kemp はなく、色毛もほとんど含まない。産毛量が少なく、単独で利用されることはない。他種とブレンドされてツイード、絨毯などに用いられる。

◉ ウェンズリーデイル *Wensleydale*

　ティースウォーター Teeswater の牝にイングリッシュ・レスター English Leicester の牡を交配し固定された。1860年ごろ世間から新羊種として認められるに至る。飼育の目的が山岳種羊の牝羊を交配させる種牡羊をつくることに絞られているため、頭数は多くはない。長さ150〜300mm、繊度32.5〜34ミクロン。ケンプ Kemp や色毛の混入がなく、光沢が強い特徴を持つ。英国種長毛種。

● ホワイト・フェイス・ダートムーア White Face Dartmoor

現在、ダートムーア Dartmoor 地方の1500フィート級の高原で、最も痩せた放牧地でわずかな頭数が飼育されている。長さ150〜200mm、繊度38〜42ミクロン。ケンプ Kemp と色毛の混入はない。毛はかなり強いクリンプ（捲縮）を持ち、用途はブランケット Blanket、絨毯などであるが、収毛量が少なく、類似の他種と混用して使われる。英国種長毛種。

ヒル Hill

● チェヴィオット Cheviot

スコットランド Scotland とイングランド England の境界にまたがるチェヴィオット・ヒル Cheviot Hills からその名がある。英国純血羊種の一つ。チェヴィオット・ツイード Cheviot Tweed の原料として昔から有名であり、山岳種としては最高の羊毛を持ち厳しい風土にも耐えうるので、現在ではオーストラリア、ニュージーランドほか欧州各地で飼育されている。色毛の混入はないがケンプ Kemp の混入はある。長さ80〜120mm、繊度30.5〜33ミクロン。

● シェットランド Shetland

ダウン Down 種とマウンテン・アンド・ヒル Mountain and Hill 種の中間といえる羊種で、羊毛を種とした分類ではダウン種、生息環境からは後者に属する。スコットランドのシェットランド Shetland 島及び付近の岩の多い島嶼に生息し、灌木の葉や苔類を食料とする。産毛は輸出されることなく島内の家内工業で消費されることが多い。長さ50〜100mm、繊度30〜31ミクロン。

マウンテン Mountain

● ブラック・フェイス Black Face

　昔からスコットランドで飼育されていた品種。ヘブリデス Hebrides 諸島に住むものは、ルイス Lewis 系と言われ、ハリス・ツイード Harris Tweed やその他のスコッチ・ツイード Scotch Tweed の原料になる。英国羊毛公社の規格ではブラック・フェイス Black Face の名が用いられているが、ウエールズ Wales 及びイングランド England 産のものはウエルシュ・アンド・イングリッシュ・グロウン・スコッチ Welsh and English Grown Scotch の名が用いられる。長さ150〜300mm、繊度35+ミクロン。

● ラフ・フェル Rough Fell

　英国のいわゆるフェル Fell（荒れた岩山）で育成されたもので、ウエストモアランド Westmorland、カンバーランド Cumberland、ノーサンバーランド Northumberland の地域以外では、現在も飼育されていない。羊毛がラフ Rough（粗い）ため、この名前が付いたとされる。長さ150〜300mm、繊度35+ミクロンと太い。牝羊は長毛種と交配され、食用のラム Lamb 産出用の母羊に利用される。英国種マウンテン・アンド・ヒル Mountain and Hill 種に属する。

● ウエルシュ・マウンテン Welsh Mountain

　数百年前からウエールズ Wales の山地で飼育されてきた羊種で、特殊な羊毛を持っており、他の羊種を導入して改良した跡がみられない。特殊な面としてはレッド・ケンプ Red Kemp を含むものがいて、品種の幅が広い。4等級に分けられ、用途もツイード Tweed からカーペットと幅広い。長さは50〜100mm、繊度35+ミクロン。

ナチュラリー・カラード Naturally Coloured

● ブラック・ウエルシュ・マウンテン Black Welsh Mountain

　ウエルシュ・マウンテン Welsh Mountain 種中の黒い羊のみを選び、交配して固定させた全身黒色の羊種。1922年以降純血種として認められている。毛足長60〜100mm、繊度32〜35ミクロン。原毛の黒を活かした織物は一部で人気を得ている。純血英国種の一つ。

（以上写真：英国羊毛公社）

2　メリノ羊毛の種類

メリノ種 Merino

　現在、世界各地に広範囲にわたって分布し、最も良質なウールを一番多く産出する羊種であり、我々の最も身近なウールということができる。現在のメリノ羊毛のルーツはスペイン・メリノ羊毛であり、アフリカから輸入された牡羊によって改良され、13世紀以降ベニ・メリネス族の放牧方法が採用されて進化した。その結果、近世のスペインでは真っ白な毛の純血メリノが頭数を増し、18世紀中葉には500万頭を超えた。さらに厳重な輸出禁止策のもとで独占的な富が築かれていった。

● オーストラリア・メリノ Australian Merino

　オーストラリア・メリノ羊毛はスペイン・メリノ羊毛を何度も交配し、オーストラリアの気候風土に適合するように改良された。羊の芸術的品種とまで言われ

るオーストラリア・メリノは、あらゆる羊の中で最も白度が高く、クリンプ（捲縮(けんしゅく)）が多く、かつ細い。また、しなやかで強度を持ち、衣料用に最も適した羊毛を産出する。繊維の太さにより次の3つのグループに分けられている。

①ファイン・メリノ Fine

　　体力が劣るため、上質の牧草が豊富にある、限られた地方でしか飼育されない。繊維長は70〜75mmほど、繊維の太さは18〜19ミクロンで細番手(ほそばんて)高級梳毛織物(そもう)、ニット・ヤーンに使用される。

②ミドル・メリノ Medium

　　繊維長は90mmほど、繊維の太さは20〜22ミクロンほどで、超高級毛布や梳毛織物に使用される。

③ストロング・メリノ Strong

　　ファイン・メリノに比べて厳しい環境にも耐えうる生命力を持っており、オーストラリアの広い地域に分布している。平均繊維長は100mm程度、繊維の太さは23〜25ミクロンと太い。梳毛織物、毛布などに使用される。

● フランス・メリノ French Merino

　あまりポピュラーではないメリノ羊毛にフランス・メリノがある。フランスで飼育される羊毛の中の比率でも15〜20％である。さらに、全国に分散している小規模の飼育農家が産毛することで品質にばらつきがあり、衣料用に品質の均一性を求める紡績には不向きである。我が国に輸入される羊毛もふとんの原料用としてが最も多い。フランス北西部にあるラムブイエ牧場で品種改良されたラムブイエ・メリノ種などは、産出量も少なく幻のウールと言われている。

● ニュージーランド・メリノ New Zealand Merino

　成長が遅く、出産率が低いということで、ニュージーランド・ウール全体で見ても産毛量は5％程度である。繊維の太さは19〜24ミクロンと梳毛織物に適している。また、羊毛の白度が高いなどの特徴を持つ。飼育されている地域は雨量が少なく、牧草に恵まれている南島のカンタベリー、オタゴ、ネルソンの丘陵地帯と限られている。

3 獣毛の種類

　羊毛以外の哺乳動物の毛をヘアーと呼ぶ。これらを総称して獣毛繊維というが、品質表示法での〝毛〟は獣毛、羊毛を含んで呼称される。しかしながら、羊毛とそれ以外の動物の毛は性質、形状ともに異なっているため、ウールとヘアーは区分して表示されるのが一般的である。大きくは山羊毛とラクダ毛に分類され、山羊毛にはモヘア、カシミヤなどがあり、ラクダ毛の種類にはキャメル、ヴィクーニャ、アルパカなどがある（11ページ参照）。

山羊毛（ゴート・ヘアー Goat Hair）

● モヘア Mohair

　トルコ、米国（テキサス）、南アフリカが世界の三大モヘア産出国である。繊度は子山羊で24〜27ミクロン、成獣で40ミクロン、生後2.5年で次第に太くなるので、生後6ヵ月ほどのキッド・モヘアが貴重となる。滑らかで白く美しい光沢を持つ繊維で、米国と南アでは年に2度毛を刈るので長さは100〜150mm、トルコでは200〜250mmとなる。

● カシミヤ Cashmere

　カシミヤ山羊には細い産毛と刺毛が共生している。毎年晩春に脱毛するが、脱毛前に大きな櫛でできる限り刺毛を抜かないように綿毛を抜き取り、あとで刺毛を鋏で切り取るのが最上の採毛方法と言われ、中国と外モンゴルではこの方法が行われている。繊度は細く柔軟で、独特のぬめりのある手触りを持ち羊毛より常に高価であると言える。名前の出自はインド、パキスタン国境のカシミール Kashmir からであり、中国、中央アジア、イラン、イラク、トルコ、チベットなどに分布する。

049

ラクダ毛（キャメル・ヘアー Camel Hair）

● キャメル Camel

　一頭のラクダからの採毛量は極めて少なく、体の部分によって柔毛と剛毛に分けられる。カシミヤと同じく整毛した後の柔毛は柔らかく光沢があり、ヴィクーニャ、カシミヤに次ぐ高価なものとされている。通常は染色されずにそのままのいわゆるキャメル・カラーで用いられる。

● ビキューナ／ヴィクーニャ／ヴィキューナ Vicuna

　学名はリャマ・ヴィクーニャ Llama Vicugna。その毛も一般にビキューナまたはヴィクーニャと呼ばれている。ラクダ類ラマ属で、エクアドルからアルゼンチンにかけての高地3700〜5000mに生息する。ヴィクーニャは、その性格が臆病なため家畜化が困難である。産毛の太さは10〜14ミクロンと細く、希少性は最も高く最高級織物として珍重されている。

● アルパカ Alpaka

　学名はリャマ・グラマ・パコス Llama glama pacos。ラクダ類ラマ属である。南米ペルーの中部から南部、ボリビアに分布し、海抜3600m以上のところに生息している。毛はウール Wool とヘアー Hair の特性を併せ持つ。手触りは滑らかで絹状の光沢があり、繊度は揃っている。本来2年に1回の箭毛が行われていたため、刈り毛として出荷される時には、長さは200〜300mmに達する。

● ラマ／リャマ *Llama*

　アルパカと同じくラクダ類ラマ属である。アルパカ Alpaka、ヴィクーニャ Vicuna、グアナコ Guanaco などが同類と言えるが、グアナコを家畜化したのがリャマ Llama と考えられている。アルパカ同様、ボリビアやペルーの山岳地帯で家畜として重用され、運搬用にも利用されてきた。衣料用にリャマ100％で使用されることはほとんどなく、他の羊毛、獣毛と混用して使用される。

兎毛（ラビット・ヘアー Rabbit Hair）

● アンゴラ・ヘアー *Angora Hair*

　アンゴラ地方が原産地というわけではなく、アンゴラ山羊のように長く白い毛を持っている兎ということからこう呼ばれるようになった。繊維原料としてはわずか100年程度の歴史ということである。フランスの田舎で、ある婦人が手で紡糸してつくったアンゴラ兎毛の製品が人気を集めたことに端を発し、次第に兎を飼育する人が増え、各国で飼育されるようになった。主な生産国はフランス、西ドイツ、スロバキア、日本、中国と多岐にわたるが、全体の数量は把握しにくい。12～14ミクロンの細い毛と30～50ミクロン以上の刺毛からなり、細い毛と他の繊維との混紡で使用される。

(以上写真〈リャマを除く〉：ザ・ウールマーク・カンパニー)

051

7 ウールの優秀性について

基礎知識編7

ここでは紳士服地の中心をなす繊維である、ウールについて考える。

1 ウールの特長

❶ 保温性について

羊毛を使った衣服がなぜ暖かいかというと、大きく2つの要素がある。

一つは、羊毛は縮れた毛（クリンプ／捲縮(けんしゅく)）でできていることで空気の含有量の多い構造を持っており、暖かさを保つことができる。もう一つは吸湿性を持っており、肌にくっつかないことで着心地の良さと暖かさを維持できるのである。

■ 繊維の吸湿率(％)＜20℃ 65％RH＞

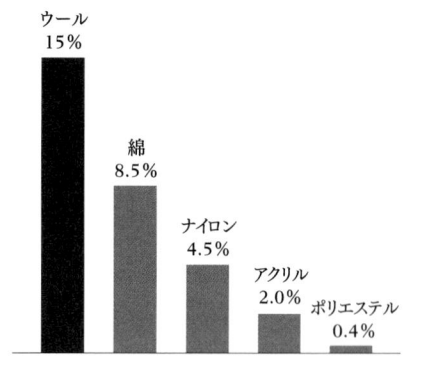

- ウール 15％
- 綿 8.5％
- ナイロン 4.5％
- アクリル 2.0％
- ポリエステル 0.4％

❷ 弾力性について

1本の羊毛繊維を引き伸ばしていくと、壊れることなく30％以上も伸ばすことができる。また、伸ばすことをやめるとおおむねすぐに元通りになっていき、しばらくすると完全にもとの長さに戻る性質を持っている。このように復元力が強いことは集まった繊維になっても同様であり、織物の状態になっても性質は変わらない。このことが毛織物がシワにならずに型崩れの少ない、〝衣服〟に最適の素材になった要因なのである。

● 繊維の伸長率

ウール　39％／アクリル　30％／アセテート　25％／ナイロン　22％／ポリエ

ステル　20%／綿　12%／レーヨン　10%

❸ *防炎性*について
　ウールは直接火をつければ燃えるが、火を離すと繊維の端が炭化するので燃え広がることはない。そして高い窒素含有率、水分含有率、高い発火温度、低い燃焼熱等がウールを燃えにくい繊維にしているのである。また、羊毛繊維は燃焼した場合でも溶融せず炭化するために皮膚を火傷から守り、また有毒ガスの発生がないなどの特長がある。

	限界酸素 （指数）	水分含有率 （％）	燃焼熱 (kcal/g)	発火温度 （℃）	融点 （℃）
ウール	25.2	15.0	4.9	570〜600	溶融しない
ポリエステル	20.6	0.4	5.7	485〜560	252〜292
ナイロン	20.1	4.5	7.9	485〜575	160〜260

❹ *染色性*について
　ウールの成分は19種類のアミノ酸からなるケラチンというタンパク質である。染色は染料とアミノ酸が合うかどうかで決まるのだが、ウールの場合19種類ものアミノ酸があるのでどの染料とも合い、このことがウールの染色性の良さを決定している。また、染料とよくなじむことで、染色堅牢度の高い繊維ということができる。
　その他、「汚れにくい」、「フェルト化する」などの特長がある。

2　羊毛繊維の組成と構造

　羊毛繊維は、表皮＝キューティクル Cuticle、皮質部＝コルテックス Cortex、髄＝Medullaから構成されており、なかでも皮質部は羊毛繊維の90%近くを占めている羊毛の主となる部分である。

■ ウールの繊維組織

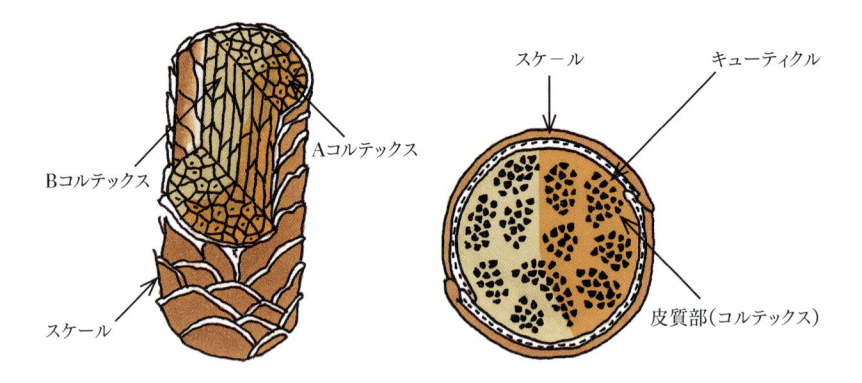

　図中にあるAコルテックスのシスチン*含有量はBコルテックスの約半分で、Bコルテックスの方が角質化は大きく、羊毛繊維はコイル状に発育する。このような構造を羊毛のバイラテラル Bilateral 構造と言う。

　このバイラテラル構造によって、つまり、1本の羊毛繊維が毛穴から生えるときに違う性質が張り合わされているために、クリンプ（捲縮）が起こるのである。

　また、クリンプが多い繊維ほど紡績性は良く、ウールを糸にした後のクリンプの残存度は他の繊維よりも優れている。このクリンプの多さが空気の層をつくる条件となり、クリンプの多い繊維ほど保温力に富むというわけである。

　クリンプの形状は毛の密度、羊脂分泌の多少に関係し、また羊の飼料によっても差を生じる。銅、コバルトなどが不足すると、クリンプの少ないいわゆるスチーリー Steely な毛を生じることになる。

＊シスチン／アミノ酸の一つ。

■フリース全体が正しくクリンプしている種

　○メリノ種
　○コリデール種
　○ロムニーマーシュ種
　○レスター種

■正しく揃っていない種

　○シュロップシャー種
　○サウスダウン種

3 羊毛の構造によるウール製品の良さ

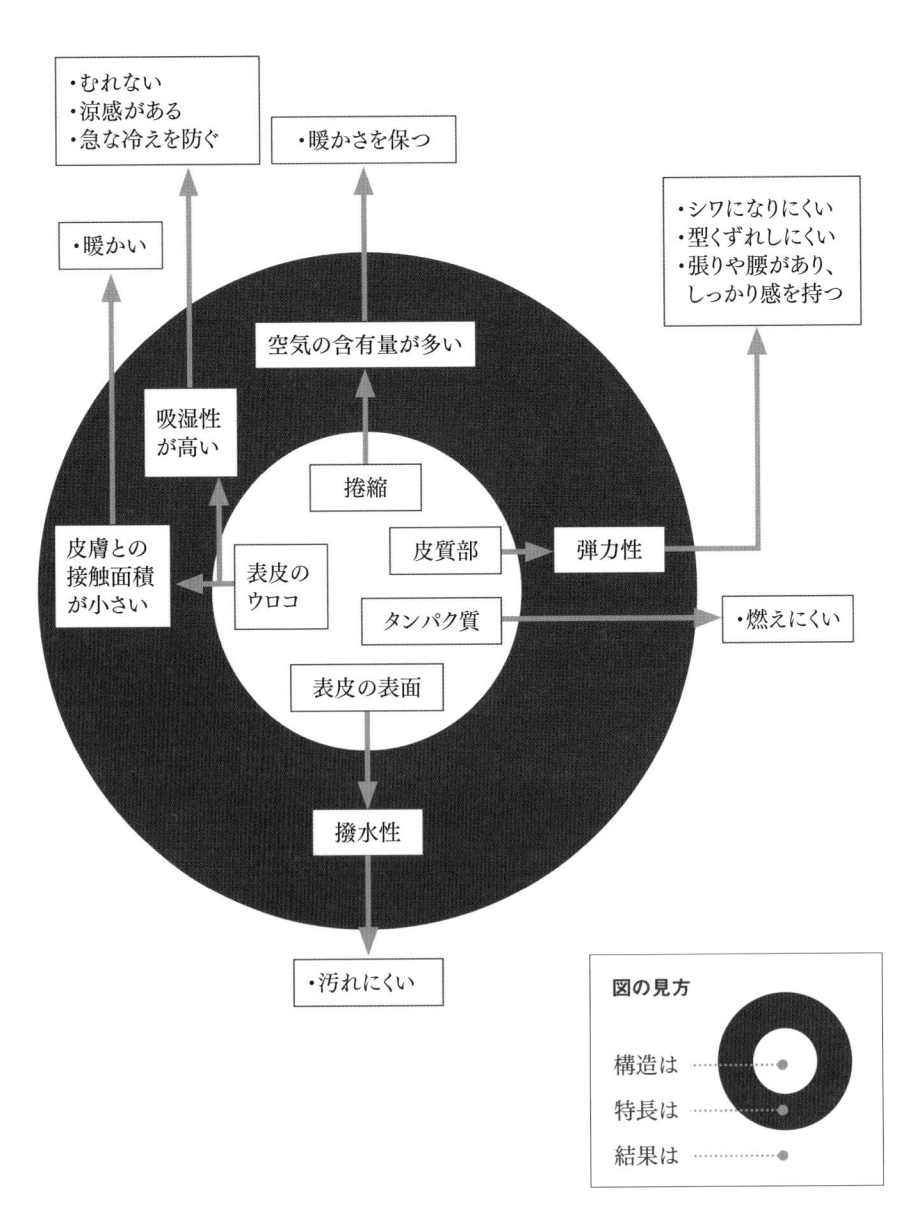

- むれない
- 涼感がある
- 急な冷えを防ぐ

・暖かさを保つ

・暖かい

- シワになりにくい
- 型くずれしにくい
- 張りや腰があり、しっかり感を持つ

空気の含有量が多い

吸湿性が高い

捲縮

皮膚との接触面積が小さい

表皮のウロコ

皮質部 → 弾力性

タンパク質 → ・燃えにくい

表皮の表面

撥水性

・汚れにくい

図の見方

構造は …………●
特長は …………●
結果は …………●

基礎知識編

8 桝見本について

基礎知識編8

　生地を扱う上で、生地メーカーや問屋との間で出てくる言葉に「桝見本」「出合い」「出違い」などがある。一般的に人々が着用している服地は、通常同じ柄での色違いが存在している。このような同柄での色違いを〝ナレ〟とか〝色ナレ〟と呼んでいる。無地などのように、10色もの色ナレを持つ生地もあれば、いわゆる定番という意味で2色しかナレがないものなどさまざまであるが、いずれも大元は桝見本といういわゆる同柄の色違い見本をつくるところからスタートする。さまざまなサイズがあるが、おおむねダブル幅（約150cm）の生地で一桝の幅がおよそ10cmで経に15色を入れることができる。

　次ページの図を見ると分かるが、右から10cm幅に1・2・3・4・5……、紺、茶、ピンク、赤、オレンジ……と経糸をならべる。緯糸も上からA・B・C・D・E……と経糸と同様の配列で打っていくのである。したがって、1×A、2×B、3×C、4×D、5×Eの部分は経緯同色になるのでこの部分を「出合い」と言い、無地、柄双方でバランスがよく多用されているのである。

　ところで、ガンクラブ・チェックなどは、少なからず「出合い」を少し外したところ（出違い）がよく使用されるが、カラーの豊富さと立体感のある柄が現れることから意図的に外した部分をセレクトすることが少なくない。たとえば図の2×C、1×Bなどの部分である。しかしながら〝出違い〟の部分はやはり経緯のバランスが悪くなるので慎重にセレクトする必要がある。多くの場合、見本となり最終の生地になっていくまでには経験者の目を通ってくることで違和感のあるものはあまり世に出ることはないのだが、時に「出違い部分でしかも柄が横長」というのを見たりすることがある。もちろん古い常識だけで測るわけにもいかないが、やはりバランスの良いところを選定するのがプロの仕事だと言える。

　通常、桝を製作する人は、日本では「柄師」と呼ばれている「設計者」がこれに当たる。つまり技術者になるわけであるが、どちらかと言えば、経歴からいっても多くは工業学校の繊維科出身者という、ファッションとは遠いところにいる

人と言っても過言ではない。一方、イタリア（ビエッラ地区）などの場合は、デザイナーと呼ばれる人たちが織機を扱うこともあり、いわば感性を持った技術者といったところである。したがって、職業としての位置づけは日本とは違って高いポジションにあると言うことができる。

基礎知識編

■ 桝見本（ブランケット・サンプル）

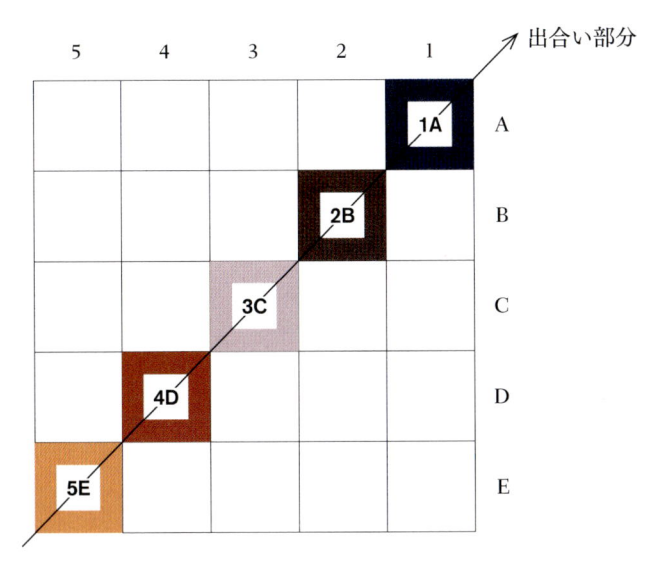

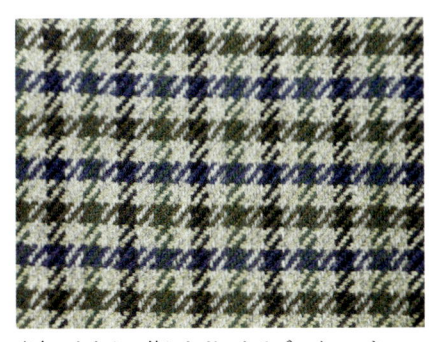

	5	4	3	2	1	
					1A	A
				2B		B
			3C			C
		4D				D
	5E					E

出合い部分

出合いをあえて外したガンクラブ・チェック

057

9 染色について

基礎知識編9

　生地は服をつくる上での素材（材料）である。建物や自動車、その他身の回りの多くの〝つくられたもの〟も素材があって成り立つのであるが、そのものの価値を決定づけるのに素材が最も重要な要素を持つという点では服は最右翼であろう。自動車であれば鉄板の素材よりはデザインや性能の方にまずは目が行くであろうし、建築やインテリアであってももちろん素材の重要性は高いが、やはりデザインや使いやすさ、設計などの方が優先順位は高そうである。それではなぜ着るものにおいて素材の価値が他よりも高いかといえば、それは「色と柄」が素材（風合い）と一体になっているからなのである。

　つまり、服においての購入決定要素の優先順位を考えるとデザインやフィット感、着心地などよりも先に、まずはどんな色、柄なのかということがある。自動車を選ぶときに、いきなり「赤い車」ということにはならないであろう。まずは車種と性能、グレードと価格があって、カラーは最後の場合が少なくない。

　というわけで、服の価値を決定づける優先度の高いところに素材があるのだが、ではその色柄はどのようにしてつくられるのであろうか。ここに染色という工程が必要になる。

　まず、生地に色を染めるには3種類の方法がある。1番目は綿染めまたはトップ・ダイド（トップ染め）と言い、糸にする前のトップ（篠）の状態で染めることを言う。2番目は糸染めまたはヤーン・ダイドと言い、糸の状態で染めたものを言う。3番目は生地に織り上がってから染めるもので、後染めまたはピース・ダイド（反染めとも言う）と言うのである。この3つの方法あるいは組み合わせによって望まれる用途に応じた色、柄がつくられる。

　1番目のトップ・ダイドだが、洗毛後、羊毛をほぐして一方向に揃え（カード）、さらに梳りながら均一な太さのスライバーをつくり（ウールトップ）、この状態で染色することを言う。トップ・ダイドの特徴としては、綿の状態で染色することで、色に深みが出ることと染色堅牢度が高いことが挙げられる。したがってフ

ラノやウーステッドに代表される温かみを持った素材での表現に適している。ちなみにトップ・ダイドされた綿から糸をつくる場合、単色で用いられることはない。グレイのフラノであっても赤等を含んだ数色のトップを組み合わせた色からできており、これが深みと高級感をつくっているのである。

　次にヤーン・ダイド（糸染め）だが、その名のとおり糸の状態で染色するもので、最も用途が多くポピュラーなものである。チェックやストライプによってつくられる〝柄〟の多くは、糸染めされた糸を用いてつくられる。特徴としては、綿染めと比べて深みがない代わりに、発色性の良さとすっきり感を出すのに適している。また、染色する際のロットもトップ・ダイドに比べて少なくて済むので、小回りの必要な現代のマーケット状況にも対応しやすい染色方法といえる。

　最後にピース・ダイド（後染め）だが、生地が織り上がった状態（生機）で染色するものである。いわゆる生機（白生地とも言う）を在庫しておいて、必要なときに必要なだけ染めて使えるという便利な方法を取ることができるのである。しかし、トップ・ダイドに比べて深みがなかったり、染色堅牢度が弱かったりという側面も持っている。

　これら3種類の染色方法についてはそれぞれの特徴に応じて使い分けられている。

基礎知識編

トップ染めされたトップ（篠）を、機械を通し、ミックスしてなじませているところ

糸染め用の釜（手前）と、染釜に入る前にセットされた、生地糸のチーズ（コーン）

10 整理について

基礎知識編10

　整理＝フィニッシング Finishing という最終工程を経て織物は完成品として世に出ることになる。毛織物の商品価値は単独に存在するのではなく、目的の服としてつくられるに適しているかどうかによって決定されるわけである。たとえば、ハンティング・ジャケットをつくるのに細番手で繊度の高い原料を使った生地を使っても意味はないであろうし、タキシードをつくるのにツイードということも、あえてファッションとして狙ったものでない限りあり得ないのである。「糸の撚りとは」の項（20ページ）にも「風合い」に関する考え方を述べたが、このように「良い風合い」の生地といった場合、単にソフトとか滑り感があるということではなく、目的の服にとって最適かどうかということなのである。

　さて、そのように生地の風合いを方向づけるために大切なことはなんであろうか。一つは生地製作の入り口となる「原料」や「糸の撚り」がある。生地製作に必要な〝工程〟が大きく変わることがないとすれば、生地価格決定の多くの部分に原料の値段が反映されることは説明を待つまでもないのである。そして、もう一つが出口のところである「整理工程」ということになる。つまり、毛織物の表情と特徴を決定づけるのは、大づかみに言えば入り口と出口ということなのであるが、ときにファッション誌などで、やれ「ションヘル織機」で織ったとか「ペーパープレス」がどうのということを特集して生地の良否を決めるような記事に出会うのであるが、1つの工程だけを取り上げて価値を拡大解釈するのはいかがなものであろうか。

　日本ではメンズ・ウエアにおいては主に英国の生地とイタリアの生地に人気が集中しているようである。英国はヨークシャーを中心に梳毛織物が盛んであったが、現在は日本での尾張一宮同様、衰退の一途をたどっている。尾張一宮とヨークシャーは、もちろん我が国が真似たわけであるが、町全体が大きな工場として成立していた。紡績があり、染色屋、撚糸屋、機屋、補修屋、整理屋が連携を保ち、小規模な企業と紡績、整理工場という大手企業が協力して尾張一宮という大

工場を運営していたと言っても過言ではなかったのである。しかしながら、近年は生地価格の下落と技術者の高齢化、中国産地の伸長とにより役割を終えようとしている。現在、ヨークシャー、尾張一宮共に、整理工場は大手が一軒のみになってしまった。これによって生地にどのような影響が出てくるかというと、「整理工場主体の整理の仕方」が想像できるのである。つまり、仮に「このような風合いにしたい」という意向を依頼者側が持っていたとしても、経済の法則に適わなければつくれなくなるということなのである。一方で、ビエッラ Biella 地区を中心とするイタリアはどうかというと、ある程度の規模のメーカーはいわゆる「一貫紡」であり、1つの会社の中で原毛→紡績→染色→製織→整理→検反・出荷までを行うという縦割りのシステムを特徴としている。したがって各段階でオリジナリティを出せる要素を多く持つことになり、このことが各メーカーの特徴を出しやすくしているのである。

　以下に、毛織物を扱う上で整理（仕上げとも言う）に関する用語と意味を述べるが、実際の仕事に使用されるものである。

1. クリア仕上げ（クリア・カット・フィニッシュ Clear Cut Finish）

　通常はクリア・フィニッシュと言う。毛羽をほとんど取り去り、ガス焼きなどをほどこしてクリアな表面をつくる。トロピカルやギャバジンなどでの仕上げに見ることができる。

2. 1/4ミルド（クォーター・ミルド・フィニッシュ Quarter Milled Finish）

　クリア・フィニッシュに比べてやや起毛をほどこした表面であり、かつハーフ・ミルドほど起毛はしていない。サージや春物でのウーステッドの仕上げに多い。

3. 1/2ミルド（ハーフ・ミルド・フィニッシュ Half Milled Finish）

　クリアとフル・ミルドの中間あたりを言う。フル・ミルド、フラノやメルトンのように、ほぼ綾目が見えない状態の表面を表すことから言えば、通常いわれるサキソニーやミルド・ウーステッドがハーフ・ミルドに当たると言ってよい。

4. フル・ミルド（フル・ミルド・フィニッシュ Full Milled Finish）

　実際にはフル・ミルドという言い方はあまり聞くことはなく、綾目がほとんど見えなくなった仕上げの状態から、フラノ仕上げやミルド・ウーステッドという呼称が一般的である。古い資料によると、我が国では戦前はミルド・ウーステッドのことをウーステッド・メルトンと言っていたこともある、という記述も見ることができる。

　以下の写真においておおよその呼称とそれに対応する仕上げが理解できる。ただし、呼称と実際とは個々の生地において多少の差異がある。それはメーカーあるいは仕上げ工場によって呼称と実際の範囲が異なるからである。

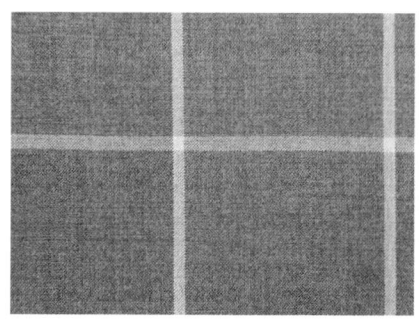

クリア仕上げ

1/2 ミルドまたはハーフ・ミルド及び 3/4 ミルドまで

フル・ミルドまたはフラノ仕上げ

11 綿について

基礎知識編11

　綿は、通常はアオイ科の植物に密生した種子毛繊維のことを言い、繊維の分類では天然繊維の中の種子繊維（シード・ファイバー Seed Fiber）であり、綿花から採れる綿（わた）ということになる。我が国では古代や中世においては蚕の繭（まゆ）からつくられる絹の真綿（まわた）が通常ワタを意味していたとのことである。

　綿は音読みでは〝メン〟であり、綿織物や綿糸などに使われるが、訓読みでは〝わた〟となり、ふとん綿などステープルを表す言葉となる。繊維の話の中での綿は一般的には〝コットン〟といわれる〝メン〟の方である。

　綿の歴史はインドから始まる。今から5000年以上前にすでに綿織物がつくられており、長い間インドから外に出ることはなかったが、後に隣国のペルシャ、さらにエジプトに伝わり、そしてヨーロッパに広がっていったようである。

　一方、メキシコのマヤ人の遺跡を発掘したところ精巧な綿織物があり、また、コロンブスがアメリカ大陸を発見した頃、16世紀のマゼランの航海記録にもブラジルですでに用いられていたとあり、南北アメリカ大陸も古い産地であったということになる。

　日本においては豊臣秀吉の時代に南蛮船によってもたらされたという説があり、徳川時代に入ってからは全国で栽培され、製織されるようになり、それまでの麻に代わって大衆衣料として用いられるようになった。

　近代において、17〜18世紀まではイギリスを始めとするヨーロッパは毛織物と麻織物が中心であったが、産業革命をきっかけとして綿産業も飛躍的な発展を見ることになった。現在、綿（コットン）は〝繊維の王者〟として人々の生活に欠くことのできない繊維として重要な位置づけをされている。

主な綿花の種類

綿は世界各地で栽培されているが、産出国の名前をつけて、エジプト綿、アメリカ綿、ペルー綿などと呼ばれている。

大別すると、繊維長別に以下の3種類になる。

◉ *長繊維綿（超長綿）*

高級綿と言われるもので、3〜5cmほどの長い繊維長を持っている綿花であり、ペルーが起源と言われる。細く長く美しい、貴重な繊維である。糸番手では50番手以上のものを言う。
▶エジプト綿（ギザ45、メヌフィ）　　▶スーダン綿（サケル、バラカット）
▶ペルー綿（ピマ）　　▶カリフォルニア綿（スーピマ綿）
▶西インド諸島（海島綿、シーアイランド綿）

◉ *中繊維綿（中間的な繊維長）*

繊維長は2〜3cmくらいのもので、糸番手としては50番手以下13番手までに紡績される。シーツ、肌着を始め、実用的なものに多く使用され、日本が輸入する80％以上を占める繊維長の綿である。起源はメキシコ南部からアメリカに及ぶが、最も種類の多い綿と言うことができる。
▶アメリカ綿　　▶メキシコ綿　　▶ロシア綿
▶その他ニカラグア綿、東アフリカ綿、シリア綿、ブラジル綿、トルコ綿など

◉ *短繊維綿*

繊維長が2cm以下のもので、13番手以下の太番手用である。ほとんどは紡績されずにふとん綿、中入れ綿、衛生材料として使用される。起源はインダス川流域とされている。
▶インド綿（ベンゴール、オムラ）　　▶パキスタン綿（デシ）　　▶中国綿

綿糸の種類

● カード糸
　綿の紡績工程の中で、コーマーを通さずにカーディング・マシンだけで糸を引き揃えたいわゆる普通糸のことを言う。

● コーマー糸
　カーディングに加え、コーミング・マシン（コーマー：梳る)を通して短繊維や節、ネップなどを取り除くことでつくられた、カード糸よりも均質で良質な糸のことを言う。

● 加工綿糸
①ガス糸：毛羽焼きされた糸。
②シルケット糸：シルケット加工（苛性ソーダで処理）された糸。
③艶糸：蠟引きやゼラチン油を施して光沢を出した糸。
④擬麻糸：麻に似せた加工糸。

綿の加工・仕上げ

　綿は、多くの場合、毛織物と異なり機能性を意識した加工・仕上げがされて、生地が完成する。それはシワ回復、縮み、光沢、防水などの点で綿の特長が衣服としての短所になることが少なくないために、これらを補う目的で行われる。
①シルケット加工：苛性ソーダが綿に与える性質を利用し、綿糸や綿生地に光沢を与える加工。
②防縮加工：サンフォライズ加工を代表とする伸び縮み防止のための加工。
③防水加工：通気性防水（撥水）と不通気性防水（ゴム引きなど）があり、用途、目的により使い分けられる。
④防シワ加工：多くは樹脂加工によって行われる防シワ性を生地に与える加工。その他にカレンダー加工、エンボス加工、擬麻加工等がある。

12 麻について

基礎知識編12

　亜麻の織物をリネン Linen と呼ぶが、繊維の状態の時や植物そのものはフラックス Flax と呼ばれている。旧約聖書に亜麻 Flax という記述があることから、その歴史は西暦紀元をはるかに遡ることができる。人類文明の始まりと共に、最も古くから使われていた繊維と言えるもので、我が国においても綿が登場する以前は、庶民の一般的な衣服に使われていたのである。

　麻は世界中に広く分布しているため、20種類以上が存在するということであるが、衣料に使用されるものは亜麻（リネン Linen）と苧麻（ラミー Ramie）に限定されている。麻は大別すると靭皮繊維（ビート・ファイバー Beat Fiber）と葉脈繊維（リーフ・ファイバー Leaf Fiber）に分かれ、亜麻及び苧麻は靭皮繊維に入り、その他の靭皮繊維、黄麻、大麻、青麻、洋麻などや葉脈繊維のマニラ麻、サイザル麻などは主にロープ、麻袋、カーペットや資材などに使用されている（11ページ参照）。

　また、リネンとラミーは原料の植物が違うのだが、麻としての特性が似ているので、衣料用としてこの2種が残ったのである。リネン（原料としてはフラックス）は北半球の寒冷地で栽培される、いわばヨーロッパの麻とも呼ばれるもので、茎はマッチ棒ほどの太さの一年草である。主な生産国はベルギー、フランス、アイルランド、そして旧東欧圏のポーランド、ルーマニア、ロシアなどである。一方、ラミーはリネンに対して東洋の麻といったもので、多年生の灌木であり、温帯地方では年に2～3回、熱帯地方では4～6回収穫することができる。主な産地はブラジル、フィリピン、中国南東部などである。

● *亜麻：リネンの特長*

　リネンは清楚、純潔、高貴といったイメージを持ち、ヨーロッパでは高品位なものとして扱われる。繊維は平行度が高く、毛羽が少ないことで、しっとりとした光沢とさわやかな風合いを得ることができ、空気を含まないので涼感に優れて

いる。また、毛羽が少ないために、織り目をふさぐことなく通気性が保たれるのも夏向き素材に適する理由である。

その一方で硬く、シワになりやすい特徴を持つのだが、シワそのものを特徴として価値をもって仕立てられている場合も少なくない。

また、細菌が繁殖しにくいこともあり、ハンカチーフやテーブルクロスなどにも重用されている。

● *苧麻：ラミーの特長*

ラミーは絹麻（けんま）とも呼ばれ、優れた光沢と肌触りの良さを特長とする。ラミーは着物に用いられる上布（じょうふ）としても知られており、夏の日本女性の衣服にとって重要な素材であった。吸汗性に優れ、水分の発散も速いことから高温多湿な日本やアジアの夏物衣料の素材としては最適と言える。

また、伸度はほとんどないが、どの天然繊維よりも優れているのは洗濯に強いことである。昔はメンズの盛夏のシャツに多く使われていたが、現在はポリエステルやコットンに押されているのは残念である。シャツ地以外にもテーブルクロス、ハンカチーフ、高級な下着の素材として人気が高い。

A GLOSSARY OF MEN'S FABRIC

―― 服地の事典編 ――

ア

アイリッシュ・ツイード —— *Irish Tweed*

アイリッシュ・ツイードは英国の北西に位置するアイルランド島でつくられるホームスパンの総称を言うが、一般的にはドニゴール・ツイードが有名である。羊毛としては短毛種の山岳種に属し、ラフな感触を持つもので、節糸や色糸が入った織物が特徴である（121ページ、「ドニゴール・ツイード」の項参照）。

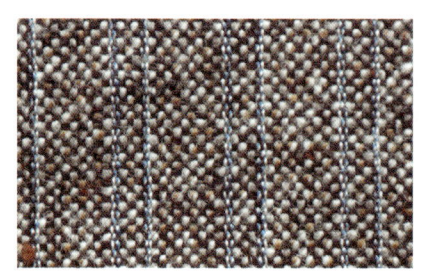

ドニゴール・ツイード・スーティング

(写真／英国羊毛公社)

アストラカン —— *Astrakahan*

ロシアのアストラカン地方に産する子羊の毛皮に似せて、玉状の毛で覆われた表面を持つ生地を言う。本来は生まれたての子羊の毛を巻き上げてこのような形状をつくった後、子羊を殺して皮を剝いで使用したという話である。

アストラカン

コートの襟に使用したアストラカン

この生地の多くは色を黒に染めて使用し、原料となる光沢のあるラスター羊毛やモヘアを使用することで、輝きのある表面を呈している。寒い国でオーバーコートの襟や帽子に多く使用された。我が国では古くは織玉羅紗(おりたまらしゃ)と呼ばれていた。この羊の本来のルーツであるペルシャから別名パーシャン・ラム Persian Lamb とも言われる。

アムンゼン ── Amundsen

　生地の名称というのは産地からくるもの、原料あるいは縁のある人名からつけられるものといろいろある。アムンゼンは生地そのものは知っていても、名前の由来が分かりにくいものの筆頭と言える。辞書によれば「ノルウェー人の探検家で、北西航路を横断し、1911年に初めて南極に到達した（1872－1928年）」探検家であり、この探検家の名前からつけられた生地であるという。

アムンゼン

　人の名前がついている生地であるから、たとえばフラノやメルトンのように防寒用の素材であれば納得がいくのであるが、この生地はジョーゼットタイプでもあり、織り方はいわゆる梨地織(なしじおり)であるからどちらかというと女性的なイメージを持つものである。

　『英和洋装辞典』（木村慶市編、慶文社、昭和7年7月7日発行）という古い資料においても、このアムンゼンなる単語は存在しない。これだけの名著にも載っていないということは、そもそもこの時代にこの名称は存在しなかったのではないかと推測できるが、実はこの生地は我が国のオリジナルであった。

　いつつくられたかは定かでないが、毛織物のプリントは困難とされていたものを、梨地であれば毛織物に捺染(なっせん)できることがわかり、尾張一宮地域で開発されたということである。

アルパカ —— *Alpaca*

　アルパカは、ラクダ類ラマ属の獣毛で、南米ペルーの中部から南部、ボリビアに分布し、海抜3600m以上に生息している。

　毛はウールとヘアーの特性を併せ持っており、光沢と強度を特長としている。原料であるアルパカという呼称が織物やニットなどの製品になった場合にも一般的に使用されている。

　メンズ・ウエアではキュプラの裏地（商標としてのベンベルグの方がポピュラー）が登場するまでは、アルパカの裏地は高級品としてテーラーでは使われていたが、吸湿、乾燥、滑り、強度そして発色などの点からキュプラあるいはポリエステルにその座を奪われていったと考えられる。古い資料にアルパカ裏地の組織にさまざまな名称がついていたことを考えると、重要なアイテムであったことがうかがえる（50ページ参照）。

アルパカ原毛

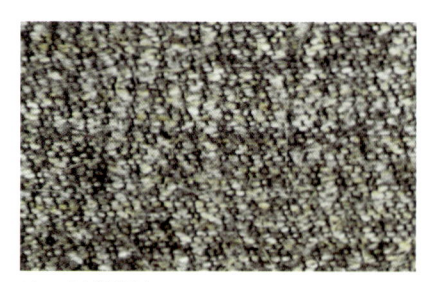

アルパカ混素材

アンゴラ —— *Angora*

　アンゴラはアンゴラ山羊を指す場合とアンゴラ兎を指す場合とが考えられるが、現在では一般的にアンゴラ兎の毛を混紡して使用する生地あるいはニット製品に対しての呼称と考えてよい。

　ちなみにアンゴラ山羊とはいわゆるモヘアと同意であり、アンゴラ山羊の〝毛〟をモヘアと称するのである。名前の由来もモヘアのような白い毛を持った兎ということからつけられたようだ。兎の毛には柔毛（ダウン）と硬毛（ヘ

アー）があり、柔毛は帽子をつくる上で重要な素材であった。

　しかし、衣料用に用いられたのはせいぜい100年前であり、フランスの田舎で、ある女性が手紡ぎでつくった製品が人気を博したところから徐々に広まっていったという（51ページ参照）。

アンゴラ兎の毛

アンゴラ混のウール素材

イリデッセント ─ *Iridescent*

　玉虫色または虹色と訳される呼称を持つ生地色。綾織り、平織り共に表現される。平織りでは経糸と緯糸の色が違うものをシャンブレーと呼んでいるが、特に玉虫色がシャンブレーで表現されたものをイリデッセントと称する。たとえば、経糸が黒に対して、緯糸に赤、ブルー、グリーンなどを打ったときに表れる色である。

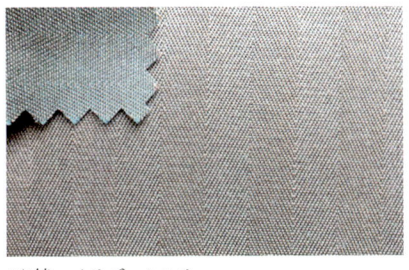

2/1綾　イリデッセント

「光りもの」と言われ、夜会服として以外はジェントルマンにはどちらかというと敬遠される色と言える。1960年代に黒人のミュージシャンなどから流行になった「コンテンポラリーモデル」の服に好んで使用された。

ウインドー・ペイン — *Window Pane*

ウインドー・ペインは「窓枠」の意味で、見た目からくる名称が柄名になったものであるが、いわゆる英国の伝統柄ディストリクト・チェック（地方柄）の一種である。やや縦長につくられた格子が多いが、正方形のものも存在する。ウインドー・ペンと発音されることがあるが、ペンでは筆記具の意味になってしまうので発音に注意が必要である。

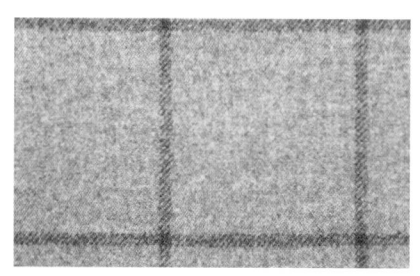

ウインドー・ペイン

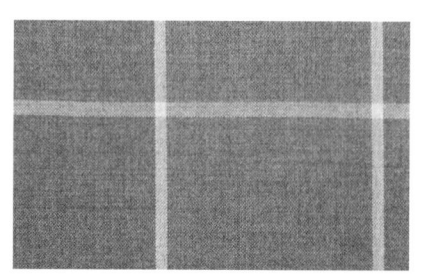

ウインドー・ペイン

ウーステッド — *Worsted*

梳毛（ウーステッド）とは読んで字のごとく梳った毛ということで、細くて長い羊毛繊維が梳毛紡績工程を通ることでつくられる。つまり、繊維が櫛を通ることによって、一方向に揃うようにつくられた糸である。この糸を使用して織り上げられた織物を梳毛織物（ウーステッド・ファブリック Worsted Fabric あるいはウーステッド・スーティング Worsted Suiting）という（24ページ参照）。

ウーステッド（梳毛）織糸

ウーステッド・ファブリック（梳毛織物）

ウールン —— *Woolen*

紡毛糸（ウールン・ヤーン）は、簡単に言えば梳毛糸（ウーステッド・ヤーン）と違って繊維長の短いウール及び均一でない繊維をも含み、かつ梳毛糸のように一方向に繊維が梳られて揃えられたものではない、いわば自由とも言えるウール繊維でつくられた糸である。その糸により織り上げられた生地を紡毛織物（ウールン・ファブリック）と言う。梳毛のように均一な糸でないことからくる粗野な感じと温かみが特徴である（30ページ参照）。

ウールン（紡毛）織糸

ウールン・ファブリック（紡毛織物）

うね 畝織り

畑の土を幾筋も平行に盛り上げたところという辞書の「畝」の記述に見るとおり、畑のイメージからつけられた名称である。

織物における畝は、マット・ウィーヴ（斜子）の緯糸だけ、または経糸だけが2本で、相対する糸が1本というもので、経1本、緯2本の場合を経畝織り、緯1本、経2本を緯畝織りという。

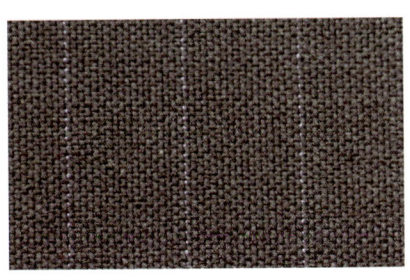

平織りとマット（斜子）の中間ともいうべき組織で表情は豊かであるが、経緯のバランスは必ずしも良いとは言えず、物性面では滑脱などの点で通常の平織りには劣る部分がある（33ページ参照）。

畝織り

英国羊毛

　紳士服地に使用される羊毛原料のうち、メリノ種以外の羊毛のほとんどは英国羊毛と言っても過言ではないであろう。英国における羊毛の種類は世界のどの国よりも多く、品種は60種以上にも及んでいる。

　主な特徴は強度と弾力性にあり、毛織物のほかにもカーペットに使用されたり、ふとんの原料にもなっている。メリノ羊毛と比較すると繊度（せんど）も太くしっかりした男性的な繊維と言うことができ、必然的に太番手（ふとばんて）な織物あるいはツイードなどの紡毛（ぼうもう）織物に用いて効果的である（41ページ参照）。

英国の羊の品種の一つ、ティースウォーター Teeswater（写真／英国羊毛公社）

ツイード

オートミール ── *Oatmeal*

　柄の名称は見た目の印象からつけられている場合が多く、国柄によって表現の違いがあり興味深いところである。

　この柄は、英語圏ではオート麦とかカラス麦と呼ばれる麦を挽き割りにしてつくるシリアル食品のオートミール Oatmeal や大麦のバーリーコーン Barleycorn がその名称につけられているが、いわば麦を敷きつめたようなイメージからこのように言われている。

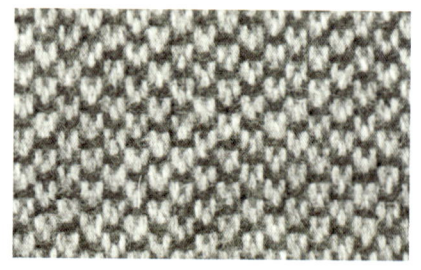

オートミール、バーリーコーン、ねこ足

　日本では一般的に〝ねこ足〟と呼んでいるが、確かに猫がつけた足跡と見えな

くもない。ちなみにイタリアではカッペロ・ダ・プリーテ Cappello Da Prete と呼ばれており、直訳すると「司祭の帽子」ということになる。

カッペロ・ダ・プリーテ

オーバー・チェック ― *Over Check*

下地にあるチェック（格子）の上に、主にウインドー・ペインを重ねて表現した柄を言う。英国では格子をプラッド Plaid と言う方が一般的である。グレン・チェック（プラッド）にブルーのオーバー・チェックを載せた柄をプリンス・オブ・ウエールズと呼んでいるが（エドワード7世と8世が皇太子時代に好んで着た柄として知られる）、現在では、通常のグレン・チェックとの区分けは明確ではない（87ページ参照）。

オーバー・チェック

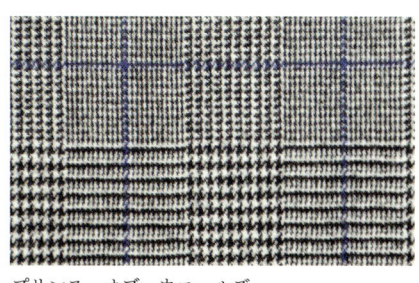

プリンス・オブ・ウエールズ

オーバー・チェック

オルタネイト・ストライプ —— *Alternate Stripe*

　オルタネイト・ストライプは〝交互の〟という意味の縞であるが、色糸での交互、組織での交互、あるいはその組み合わせでの交互など、要するに規則的で交互に配列されたものはすべてオルタネイト・ストライプと言うことができる。

　また、最近聞くことはあまりない名称だが、以前は経糸(たていと)の交互の配列をそのまま緯糸(よこいと)にも配し、格子にしたものをオルタネイト・チェック Alternate Check と言ったということが古い資料にあった。

　タッターソール・チェック Tattersall Check などはオルタネイト・チェックの典型である。

オルタネイト・ストライプ（太細による）
(155ページ参照)

オルタネイト・ストライプ（カラーによる）

オンブレー・ストライプ —— *Ombre Stripe*

　フランス語のオンブレ ombre の意味は「影」であるが、徐々に「ぼやけて」いくようなストライプ（縦縞）の配列でつくられた柄の名称である。ぼかした濃淡のストライプ（縦縞）を繰り返したり、単色であっても幅を少しずつ狭くしていく柄を繰り返すなど、ぼやけ感のある柄に対して使われる。

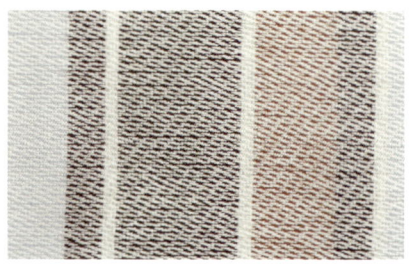

オンブレー・ストライプ

カ

カシミヤ — *Cashmere*

　カシミヤは、カシミヤ・コーティング Cashmere Coating、カシミヤ・クロス Cashmere Cloth、カシミヤ・ニット Cashmere Knit などと原料そのものが商品価値を決定する言葉の代表になっている（49ページ参照）。

　名前の由来はインドのカシミール Kashmir からきており、現在の産地は中国、中央アジア、イラン、イラク、トルコ、チベットなどに広く分布している。カシミヤはウールと同様〝飼育〟されており、繊維が細く柔らかで独特な〝ぬめり〟を持つ素材感に特徴がある。オーバーコートやブレザーで使用される場合、多くは製織後に縮絨し、ベロアー仕上げ、起毛仕上げをして毛を一方向に仕上げる。我が国で古くはカシミヤ生地を「駱駝コート地」と呼んでいたとのことだが、ラクダ毛はカシミヤ毛よりもやや劣るにもかかわらずこのように呼ばれていた理由は不明である。

ホワイトカシミヤの毛（通常は黒及び茶系）

カシミヤのコート地

カシミヤのジャケット地

カヴァート・コーティング —— Covert-Coating

　カヴァート・コート Covert-Coat とは、元々は狩猟（狐狩り）用の半コートのことを言い、ハンティング・ジャケットの上に着るコートであった。それに使われた生地ということでカヴァート・コーティング Covert-Coating と言われているのである。ギャバジン同様急角度の綾は水滴が入りにくくなる防水効果を持っており、狩猟の際には効果的であった。

　また、ブッシュを思わせるブラウンやカーキがこの素材にフィットするカラーでもあるが、素材のルーツを感じさせる。時代とともに街着の半コート用素材に、さらにトップコート、通常のセビロ、トラウザースに至るまで使用されるようになったということである。

カヴァート・コーティング

カルゼ —— Kersey

　カルゼという呼称はいわゆる和製英語であり、サージ Serge をセルと呼びバラシャ Barathea をドスキンと呼んだ類で、本来の呼称の想像がつきにくいものの一つと言える。カルゼを英語でカージー Kersey とも言うが、この場合はクロスブレッド種羊毛を使用して綾織りで織りあげた後、縮絨仕上げをした織物一般を指し、英国サフォーク州のカージー村でつくられた歴史からこれらの綾織物を総

カルゼ（カヴァート・コーティング） 　　　カルゼ（カヴァート・コーティング）

称してそう言う。したがって、欧州一般ではカヴァート・コーティング Covert-Coating と呼んでいるものを我が国ではカルゼと呼んでいると考えてよい。

ガンクラブ・チェック —— *Gun-Club Check*

　通常2色（白×黒など）でできているシェパード・チェック（コイガック Coigach というスコットランド北部のディストリクト・チェック）にもう1色のカラーチェックを重ねたものをガンクラブ・チェックというが、実際は牙のあるいわゆる千鳥格子の組織でも3色使いのものは一般にガンクラブ・チェックと呼んでいるようである。

　1874年、アメリカ狩猟クラブの結成時に、この柄をユニフォームに採用したことからそう呼ばれている。柄そのものは、白×黒（濃茶）×赤茶の3色のシェパード・チェックがベースであり、千鳥格子ではない。マーケットで見る多くのガンクラブ・チェックは3色以上の多色部分、つまり〝桝の出違い〟の部分が使われることが少なくないが、ガンクラブ・チェックの場合、特にトーンの近い多色使いは表情も豊かになり、ツイードなどにおいては大変味が出る。

柄の出合いの部分でできたガンクラブ・チェック

いわゆる出違いの部分。色数が増える（56ページ参照）

キャヴァルリー・ツイル —— Cavalry Twill

　キャヴァルリー Cavalry（騎兵隊）とツイル Twill（綾織物）。その名のとおり英国騎兵隊で採用されたことに由来する生地名である。現在でも乗馬ズボンにはこの生地が使用されることが多く、本格的なものは二重織で500g前後の目付を持つしっかりとした生地である。表面はクリアな仕上げで、ギャバジンに似た感じでもあるが、綾目が2本になっているところが決定的な違いである。また二重綾と訳出している文献も存在する。綾目はおよそ60〜65度の急斜紋を表すのを特徴とする。

　キャヴァルリー・ツイルをトリコティン Tricotine と言う場合もあるが、同様の組織なので間違いではない。こちらはフランス語のトリコ Tricot（編み物）を語源としたものであり、リブ編み（ゴム編み）の目風が二本線に見えるところからつけられたものと考えられる。トリコティンはキャヴァルリー・ツイルがしっかりして男性的なのに比べ、繊細で女性的な二重綾ということができる。とはいえ、現実的には両方の言葉を使い分けることはなく、どちらを使っても間違いではない。

　また、米国ではエラスティック Elastique と呼ばれることもあり、トリコティンと共にニットライクな伸縮性のある素材としてとらえられている。

キャヴァルリー・ツイル

キャヴァルリー・ツイル

杢糸で表現されたキャヴァルリー・ツイル

キャメル・ヘアー ── *Camel Hair*

　ラクダはラクダ科の動物で、主な産地はトルコ、中国、イラク、イランなど中央アジアから北アフリカまでの広大な地域に及んでいる。毛はフタコブラクダ Bactrian Camel から採り、非常にソフトで美しい光沢を持っている（50ページ参照）。

　原毛は淡黄色から褐色までのいわゆるキャメル・カラーであり、漂白が困難なため染色することなくそのまま使われる。その色と生地の特徴が服を選んだと言っても良いのがトラディショナル・アイテムの一つ、ポロ・コートと言える。ポロの競技者に好んで着られたところから観戦者に広がった。1950年代のアメリカでアイヴィー・リーガー Ivy Leaguer が好んで着たことから流行となり、現在ではトラディショナルコートの代表の一つとなっている。

　我が国で古くからあるキャメル（駱駝）という色は、必ずしも正確にキャメル・ヘアーを用いた生地の色ではなく、そのカラーから来るイメージで呼ばれたものであり、カシミヤ、リャマ、ヴィクーニャなどとウールをブレンドしたものなどを指していることが多かったようである。

キャメル・ヘアー原毛　　　　　キャメル・コート地

ギャバジン —— *Gabardine*

　ギャバジンの特徴は綾目の角度が通常よりも強いことにある。防水加工を加えてレインコート地に供されることが多かったが、そもそも急角度の綾は防水効果を目的としていた。20世紀に入って綿100%のギャバジンがさらなる防水加工と共に人気を博し、レインコート地としてはそれまでの経糸ウール、緯糸綿使いのギャバジンを駆逐してしまう。商品としてはバーバリー・コートが有名だが、現在では綿ギャバジンのことをバーバリーと呼ぶまでに一般名詞化している。

逆綾目のコットン・ギャバジン

綾角度の強いウール・ギャバジン

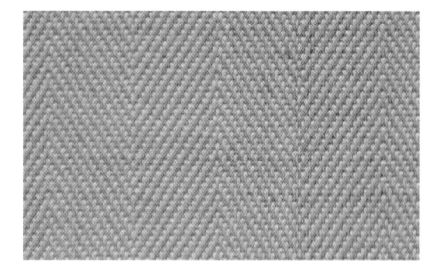

ヘリン・ボーン組織でのギャバジン

クリンプ —— *Crimp*

　クリンプとはウール繊維の縮れた状態（捲縮）を言う。このクリンプを持つ点にウール繊維が他の繊維と比べ圧倒的に受け入れられた要素があると言える（52ページ参照）。

　ウールの保温性と弾力性は、ウールの持つ特徴と優秀性の大きな点である。保温性については、クリンプがあることで空気を多く含むことができ、かつ暖かさを保持することができる。また、クリンプを持つことが毛織物の弾力性を決定しており、自然なストレッチ性や防シワ性を得ることができるのである。

クリンプの原理、バイラテラル構造については、53ページの「羊毛繊維の組成と構造」を参照。

英国羊毛ブルー・フェイス原毛

オーストラリア・メリノ原毛

服地の事典編　ク

グループ・ストライプ —— *Group Stripe*

何本かのまとまったストライプ（縦縞）が等間隔で構成されるストライプを言う。

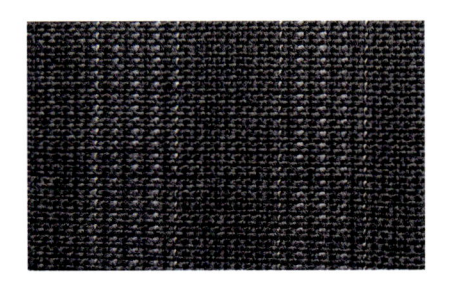

クレヴァネット ── *Cravenette*

　本来クレヴァネットは英国クレヴァネット社の商標で、梳毛ギャバジンに防水加工をしたコート用素材を言う。また、古い文献に、英国のブラッドフォード・ダイアーズ・アソシエーション Bradford Dyers' Association LTD. という会社が、ギャバジンやそれに類する緻密に織られた薄手梳毛織物に、特殊な防水加工を施してレインコート地として売り出した時に、その特殊防水加工生地に対してつけた登録名がクレヴァネットであるという記述がある。

　したがって、ウール・ギャバジンに防水加工を施したものをクレヴァネットと呼ぶのが本来正しいのであるが、我が国ではなぜか杢糸を用いたギャバジンの呼称とされてきたのである。とはいえ、近頃のマーケットにはほとんど見られなくなった生地と言える。

我が国でクレヴァネットと呼ぶ生地＝杢ギャバジン

国際的にはギャバジンに防水加工を施した生地を言う

グレン・チェック ── *Glen-Urquhart Check*

　生地につけられている柄の名称の多くは、①見た目のイメージからくるもの、②素材・原料、織り方、産地などの成り立ちからくるもの、③歴史的な由来によるものなどがある。

　格子柄の代表の一つでもあるグレン・チェックは、②と③のストーリーからくる2種類の呼び方をされている。一つはグレン・チェック Glen-Check であるが、スコットランドのネス湖に近いグレン・アーカート Glen-Urquhart 渓谷一帯で織られていた柄で、場所にちなんでつけられた名称というのが一般的に知られて

いる。もう一つがプリンス・オブ・ウエールズ Prince of Wales だが、これはそもそもグレン・チェックの上にブルーの色糸でオーバー・チェックを切ったもので、シンプルなグレン・チェックにカラー・オーバー・チェックが乗ったものということができる。

英国皇太子であるウエールズ公（のちのエドワード7世）が好んだ柄であることからくる名称ということが知られている。したがって正確には両者は違うものとも言えるのであるが、現在ではグレン・チェック、グレン・プラッド、プリンス・オブ・ウエールズ、ウインザー・プラッドは分けられることなく、グレン・チェックまたはプリンス・オブ・ウエールズの両方で呼ばれるのが一般的となっている。イタリアではこの柄をガレス Gallesと呼ぶのであるが、Galles とはウエールズのことであり、正確にはプリンチペ・ディ・ガレス Principe Di Galles（ウエールズ皇太子）を略してガレスと呼んでいるのである。

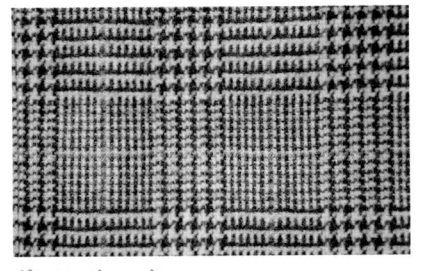

グレン・チェック

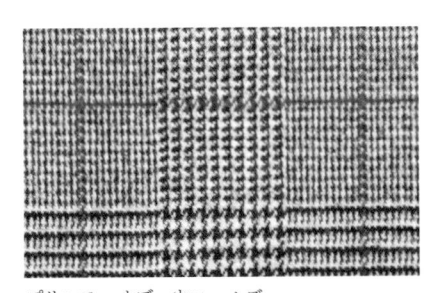

プリンス・オブ・ウエールズ

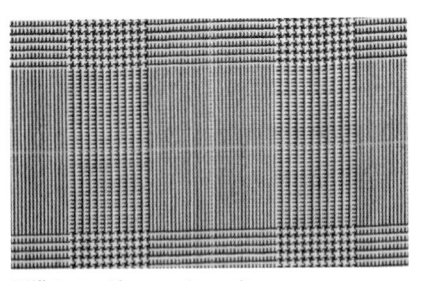

平織りでのグレン・チェック

グログラン ― Grosgrain

　グログランはベドフォード・コード Bedford Cord を横にしたような緯畝(よこうね)の生地である。緯畝の生地は織糸の細さや用途によって呼び名が変化し、シャツ生地からコート地まで多種が存在する。たとえばファイユ、ポプリン、ウェザー・クロス、タッサーなどである。横勝ちの生地は通常の平織りや綾織(あやお)りとは違うエレガントさを持っており、レインコート地においてもギャバジンと双璧をなす織物と言える。

　メンズ衣料の中でグログランが最も使われているのはネクタイであろう。この組織があってこそのレジメンタル・ストライプと言える。

ネクタイに多用される組織としてのグログラン　　綿素材によるグログラン

捲縮(けんしゅく)

「クリンプ」の項（84ページ）参照。

ケンプ ― Kemp

　日本ではケンピという場合もあり、いわゆる死毛である。羊毛の繊維が枯れて強度もなく、染色もできない状態になった短毛のことを言う。ハリス・ツイードに代表されるホームスパンには、このケンプをあえて混入させることで生地に独特の趣を与え、ハリス・ツイードを特徴づける大きな要素となっている。

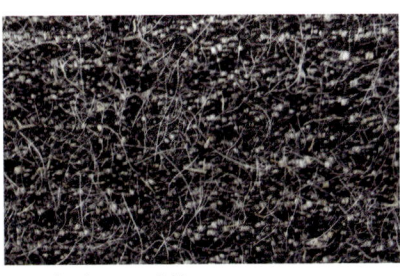

ケンプを生かした生地

ハリス・ツイードに表れるケンプ

コークスクリュー ― *Corkscrew*

　現代ではほとんど見ることがなくなった生地の一つである。フロック・コートに用いられていたということであるから、フロック・コートと共に消えていった生地と言えるのではないか。日本名は一本綾といい、綾の外見が螺旋(らせん)状になっているコルク栓抜きに似ているところからこの名がついた。

コークスクリュー

　また、コークスクリュー糸やラセン糸という壁糸タイプの飾り糸も存在していることから、これらの糸を使用した生地もコークスクリューと呼ばれることがあった。裏に朱子(しゅす)目の二重織のものも多かったようであり、用途から主に黒に染色されて用いられた。後に背広地に用いられるようになってからは柄物が登場した時代もあった。

コークスクリューの由来である栓抜きの螺旋

コーデッド・ストライプ —— *Corded Stripe*

ベースとなる生地糸より太い糸、あるいは1本以上をひとかたまりとした糸でストライプ（縦縞）を表現したもの。通常はコード・ストライプと呼称されている。

コーデッド・ストライプ

コーデッド・ストライプ

コーデュロイ —— *Corduroy*

日本名ではコール天といわれる緯（よこ）パイルの織物である。パイルのループ状になった部分をカットすることで経畝（たてうね）をつくることができる。太い畝を鬼コールや太コールと呼び、中コール、細コールと畝の太さによって呼び分けている。太い畝の隣に細い畝を並べた親子コールと呼ぶものもあり多種に及ぶ。

多くは綿素材が中心であるが、近年パイルをカットする技術の向上により、ウール・コーデュロイも市場性を持つに至っている。服をつくる時点では毛の流れと逆方向を上にして、いわゆる逆毛を基本として裁断する。このことによっ

細コール

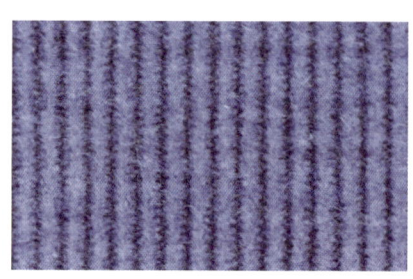

中コール

て、見た目に色が深みを増し白茶けることを回避できるのである。コーデッド・ベルベッティン Corded Velveteen とも言う

太コール

コールズボン地 — *Trousering*

　この名称は現代の日本国内だけで通称されるものであり、本来このタイプの柄はすべてトラウザリングと呼ばれていた。19世紀末、いわゆるアスコット・モーニングという同じ生地で三つ揃いのスーツがつくられる以前は、上着（モーニング・コート）とズボンは異なる生地でつくられるのが普通であった。したがってトラウザリングと言えば、このタイプの柄をイメージしたわけである。

　現在ではモーニング・コート自体着られることが稀有になったこともあり、このタイプの柄をあえてコールズボン地と言うようになったと考えられる。

コールズボン地

コールズボン地

紡毛のコールズボン地

サ

サージ — Serge

　サージとギャバジンは共に2/2の綾織物(あやおりもの)であるが最も大きな違いはその綾目の角度にある。サージは基本的に綾目の角度がおよそ45度のものをいい、ギャバジンはより立った角度(およそ65度)が特徴である。つまり、サージは経糸(たていと)と緯糸(よこいと)の1インチ間(単位)に入っている糸の本数がほぼ同数であることから45度の斜度になるわけである。このバランスが平均化していることにより、丈夫さと耐久性に優れた織物となる。学生服や軍服、車掌や警察官の制服になるなど、しっかりとした生地の代表とも言える。一方、特にウール100%の素材ではアイロンや摩擦による〝てかり〟が起こりやすいのが、少ない欠点の一つである。

　語源としてはイタリア語のセルジア Serger(絹毛交織)からきたという説があるが、現在、イタリア語でサージはサリア Sallia という通常の〝綾〟と同じ意味の用語が使われている。

　日本で使われていた〝セル〟というのは、たとえばセルジュ・ド・ニーム Serge de Nimes(ニーム産のサージ〈デニム〉)というように、フランス語の読みの頭をとって〝セル〟と言ったのではないかと考えられる。

サージ

サキソニー — Saxony

　英国羊毛の粗野な手触りではなく、柔らかな風合いを持つツイードへの要求に応えるべく、原料を外に求めた結果の産物である。ドイツのザクセン地方の羊毛がこの要求を満たしたことから、この地方の名前をとってサキソニー・ツイード Saxony Tweed がつくられた。もともとツイードのスーツに使われたことから柄

物が多く、グレン・チェック、ドッグ・ツースなどの格子柄から多様なストライプなどが存在する。現在では通常のオーストラリア・メリノ羊毛を用いた2/2の綾織物をハーフ・ミルド（または3/4ミルド）仕上げしたものをこの名称で呼んでおり、スーツ、トラウザーズ共に冬の定番素材になっている。

サキソニー

サキソニー

サティン —— *Satin*

サティン、朱子、繻子は同意である。朱子織りはいわば綾織りの拡大されたもので、経糸または緯糸が3本以上飛んで組織される綾織りを言う。4本飛んで5本目に糸が潜る場合を4/1の綾と言わずに5枚朱子と言い、8枚、10枚、12枚、16枚朱子などがある（37ページ参照）。経糸が飛んだものを経朱子（ワープ・サティン）、緯糸が飛んだものを緯朱子（ウエフト・サティン）と呼ぶが、毛織物では糸の太さの上からあまり飛びの多いものは現実的ではない。メンズ・ウエアではシルクやポリエステル、キュプラなどの素材を中心に、滑りの良さから背裏、袖裏などに使用され、最も多く目にするのはネクタイの組織としてである。

無地のサティン

朱子組織にストライプ柄を切ったもの

サン・クロス —— *Sun Cloth*

　本来のサン・クロスと呼ばれる生地は、経糸が薄緑、緯糸に赤を打った2/1の綾で織られたもので、英国ではサン・プルーフと呼称されていた。鉱物系の染料を使い、耐光堅牢度に優れ、植民地下の熱帯での直射日光の下でも変退色が少ないことからこの呼称がついたという。現在では必ずしも1つの色使いに限らないが、いずれにしてもイリデッセント（玉虫）様の表情を特徴とすることに変わりはない。

　古くは日本では玉虫クレバ、あるいはショット・ギャバジン Shot Gabardine などと呼ばれていた。

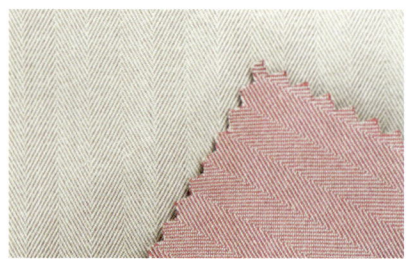

サン・クロス 　　　　　　　　　　　サン・クロス

シアサッカー —— *Seersukker*

　一般的には単にサッカーと呼ばれる夏服地用の織物である。日本ではちぢれ織りといって夏の着尺、浴衣地として古くから存在している（徳島の阿波しじらが有名）。

　経糸に二重ビームという装置を使って張力の違う2種類の糸を用い、縞状に縮ませて織ることでできた縮みであるから、縮れが戻ることは永久的にない。縮ませる目的は、肌が接する面積を少なくするためである。夏用の生地であり、綿素材が多く用いられるが、近年、技術の向上により夏のジャケット素材にもウール原料が使われ、「ウール・サッカー」も存在する。

　名前の由来には、「縮れ」を意味するペルシャ語のシルシャカー Shirushakar からきたものという説と、同じくペルシャ語で「ミルクと砂糖」を意味するシ

ロ・オ・シャッカー Shir o shakkar からきているという説があるが、ともにペルシャ語というのが面白い。

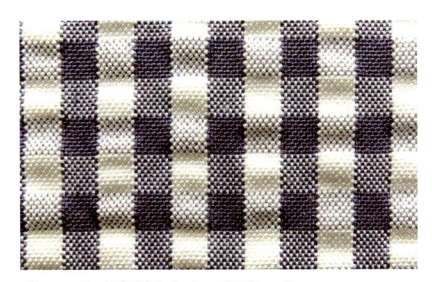

シアサッカー

チェックで表現されたシアサッカー

シェットランド・ツイード —— *Shetland Tweed*

　スコットランド Scotland の北方に点在する群島で産する、いわゆるシェットランド種の羊毛を使って織られたスコッチ Scotch 素材を言う。他の英国種羊毛に比べ、柔らかくしなやかな手触りを特徴とする。その繊維の柔らかさから、織物よりも

シェットランド生地

セーターとして使用される方が多い羊毛であり、ツイード織物としてのシェットランド Shetland は希少である。
　さらに手紡ぎのシェットランド糸などは20世紀初頭から徐々に姿を消し、一部を残して今はほとんどが機械製となっている。現在シェットランド・ツイードと言われる多くのものは、シェットランドに似た柔らかい羊毛を用いて、シェットランド風に仕上げられたものが多く、シェットランドという言葉も広義に使用されている。
　シェットランド羊毛の特色はそのカラーにあり、多くは染色することなく羊毛の自然色を使用する。ベージュからブラウンの間のグラデーションの中から選別して柄糸に応用するのである。

シェパード・チェック —— *Shepherd Check*

　この柄は、ディストリクト・チェック District Check（地方格子）の典型と言える柄である。ディストリクト・チェック（プラッド）は地方ごとの専用の柄と言ってよく、クラン・タータンのように登録された柄を持つほどの貴族階級には属さないが、アッパークラスの人たちが開発していった柄と言うことができる。したがって、グレン・チェックなどもディストリクト・チェックの一つであり、ツイードにおけるチェック、さらに言えばクラン・タータン以外の格子柄はほとんどが「地方格子」ということができるのである。

　さて、シェパード・チェックであるが、最も単純な柄でもあり、相当古くから世界中に存在していたと考えられる。日本では「小弁慶格子」といい、歌舞伎「勧進帳」などで見る武蔵坊弁慶の着ている大弁慶格子に対しての細かい柄として呼称を分けている。なお、大弁慶というのは二重格子であって正確には違う柄であるが、和服の世界では言葉の大小だけで分けているようである。シェパードとは「羊飼い」という意味で、スコットランドの羊飼いが考案し使用していたようだが、近年になってデザイナーが好んで使用するようになり、洗練されたパターンとしての地位を得ている。

　千鳥格子（ドッグ・ツース、ハウンド・ツース）と間違えて使われることが多いのであるが、千鳥格子が〝牙〟を持っているのに対し、シェパード・チェックはシンプルな格子の集積である。

シェパード・チェック　　　　　　　　　　　シェパード・チェックにウインドー・ペイン

シャーク・スキン —— *Shark-skin*

　通常、綾織物の綾目は右上から左下に通っており、生地の裏表を判断するのに都合がよい。つまり片仮名の〝ノ〟の字が表側であると教わったものであった。これが平織りとなると、裏表の判断はフィニッシング（整理）を見たり、耳（セルヴィッジ）の部分の針穴で判断したりと結構面倒である。その中でシャーク・スキン Shark-skin（サメ肌）は綾織りであるのに表側の左上から右下に綾目が通っているように見える場合が多い。これはいわば綾目に見える〝柄〟なのであって、組織そのものは2/2の綾なのである。つまり、組織としては〝ノ〟の字になっているのであるが、2色の糸が1本交互に経緯ともに配列されていることで、左上から右下に向かった柄が表れ、柄が細かいために、逆綾に見えるというわけなのである。

　シャーク・スキンはマット・ウィーヴ（斜子）でつくることも可能だが、この場合は平織りの変化なので左右どちらでつくってもよいのであるが、一般的には綾織り同様に左上から右下へと見える表現が多い。

　ところで、シャーク・スキンという言葉は日本では一般的な言い方であるが、英語圏ではピック・アンド・ピック Pick and Pick と言う場合が多く、フランスやイタリアでは見た目からくるサーレ・エ・ペペ Sale e Pepe（塩と胡椒）という表現を使っている。

シャーク・スキン

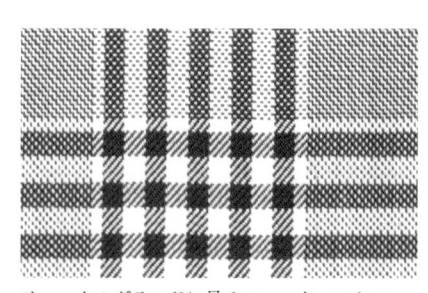

チェックのグランドに見るシャーク・スキン

シャギー —— *Shaggy*

　表面の仕上げ効果はビーバー仕上げと近似であり、通常、言葉の意味を明確に分けて使用していることは少ない。強いて言えば、シャギーの方が毛足が長く、その意味（けむくじゃら）のように、ややラフな印象というところである。モヘア糸で織りあげた生地を起毛したものがその代表と言える。

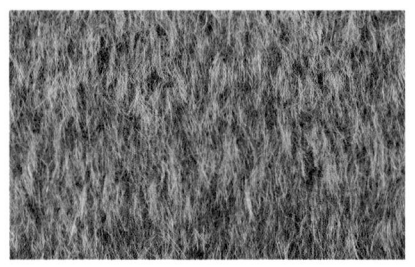

シャギー（仕上げ）

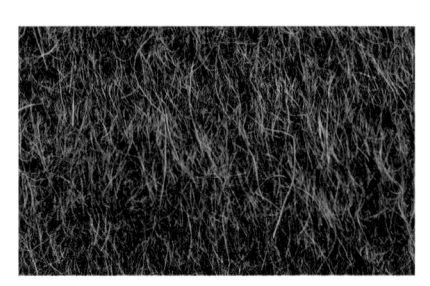

シャギー

シャドー・ストライプ —— *Shadow Stripe*

　織り組織または糸使いの変化により、同一色でストライプ（縦縞）を表現したものを言う。織り組織によるものとしては、綾と朱子及び綾同士の差の組み合わせが一般的であり、糸使いの代表は、夏ものの生地で多く使われる順・逆（S&Z）が挙げられる。
　一方、現実的にはオンブレー・ストライプと呼ばれる、カラーによるグラデーション表現までをもシャドー・ストライプと呼称していることも少なくない。

シャドー・ストライプ

シャドー・ストライプ

シャンタン ── *ShangTang*

　名のとおり、中国山東省の絹のことを言う。ヤママユガ科の大形の蛾から採れる野蚕絹（柞蚕）で、1つの繭から採れる糸量は家蚕（蚕）の半分にも満たない。山東省の広大な土地があってはじめて十分な収穫ができるのである。野蚕の成育は気象条件に左右され、その過酷さゆえに独特な野趣ある絹糸がつくられる。明治年間に中国から渡来し、西陣織などに名残をとどめている。現在では節を持つ糸で織ったもの全般を指す場合が多く、ウールや合繊のシャンタンも存在する。

シルク・シャンタン

リネン・ウールによるシャンタン風

シャンブレー ── *Chambray*

　経糸に色糸を配し、緯糸に晒した白糸を打った平織物をシャンブレーと言う。現実には経糸を白、緯糸に色糸を打ったものも同様にシャンブレーと呼称しており、厳密に区別されてはいない。ドレス・シャツ生地での定番と呼ばれる表現であるが、毛織物においては夏素材のモヘア・シャンブレーなどが一般的と言える。

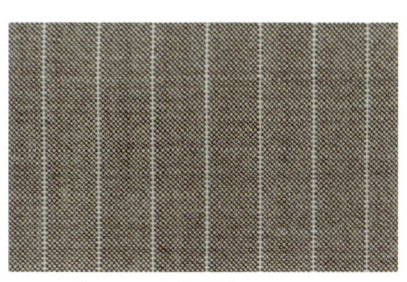

モヘア・シャンブレー

シャンブレー・ストライプ

獣毛 — *Animal Hair*

　動物繊維中の分類では獣毛の中に羊毛も入っているのだが、羊の毛、すなわちウールと獣毛原料による毛とは分けて表されることが一般的である。
　大きくは山羊毛とラクダ毛に分類され、山羊毛の中にはモヘア、カシミヤが入り、ラクダ毛の中にはキャメル、ヴィクーニャ、アルパカなどが分類される。また、特殊な毛としては兎毛であるアンゴラなどがある（49ページ参照）。

順・逆 — *S&Z*

　順・逆という言葉は、生地を扱う仕事の上では日常的に使用されるが、辞書に載るような名称ではない。単糸の多くは逆撚り（Z撚り）で紡績される。織り糸をつくる際には双糸にすることが多いが、その際、多くは逆撚り同士の単糸を順撚り（S撚り）にして双糸をつくる。これは糸としてのバランスと安定に優れ、織物になったときの風合いに影響を与える。
　反対に、逆撚りの単糸同士をさらにZ（逆）に撚ることにより、織り糸はバランスの悪い不安定な糸になり、風合いも〝ぬるみ〟からいわゆる〝シャリ感〟へと変化する。この特徴を生かして気孔が多くシャリ感に優れた夏服用の生地に多用される。夏素材であるから多くは平織だが、経糸・緯糸すべてにZ糸を使用したものをZZと呼んでおり、経糸・緯糸とも1本交互にS糸とZ糸を打ちこんでいったものをSZと呼んでいる。「順逆ポーラー」などが一般に知られている（21ページ参照）。

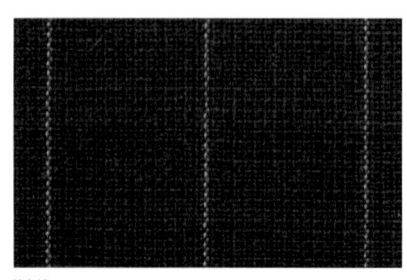

順逆トロピカル　　　　　　　　　　　順逆ポーラー

スーパー表示

　スーパー表示とは、ピュア・ニュー・ウールを対象として、一定の範囲内における羊毛の繊度の割合を表示するものである。従来ファイン、エクストラ・ファインなどと言葉によってランク付けされていた羊毛の品質を、数字で表示することでより分かりやすいものとなった。

生地メーカーのラベルに表示されたSuper XX's
（ミクロンで表示する場合もある）

　18.5ミクロンの繊度をスーパー100'sとし、0.5ミクロンずつ細く（太く）なるごとにスーパー表示は10ずつ変化していく。つまり、スーパー110'sでは18ミクロン、120'sでは17.5ミクロンとなる（14ページ参照）。

スポーテックス ── *SPORTEX*

　いわゆる手織りスコッチの一種。ツイードよりもやや細い糸を使った平織りのツイード調生地である。スポーツ・テクスチュア Sports Texture をもじってつけたドーメル社の商標であるが、現在は同じく同社の商標であるトニック同様、スポーテックスも一般名称化している。本来はチェヴィオット羊毛を使用して三子糸（三本撚り）を平織りにしたものであるが、現在は双糸のものも存在する。

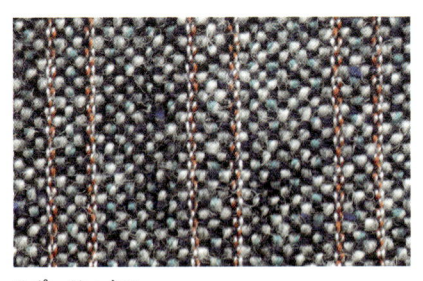

スポーテックス

スラブ・ヤーン —— *Slub Yarn*

スラブ・ヤーンは意匠糸の一種でネップ・ヤーン、ループ・ヤーン、リング・ヤーンなどと共に、ポピュラーな飾り糸である。ネップ・ヤーンほど節（スラブ）の部分が固まっておらず、部分的により長い節で織りものの表面に立体感を与える。メンズ・ウエアでの出番はそう多くはないが、日本では「雲糸（くもいと）」とも呼ばれ、ニット・ウエアに多用される。

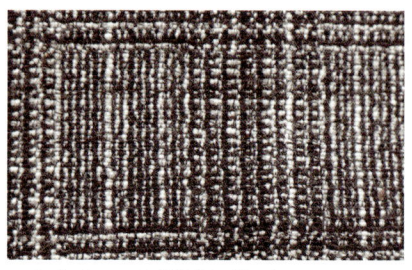

スラブ・ヤーンを効果的に使ったファンシー・グレン・チェック

スラブ・ヤーン

スラブ・ヤーン

Column　英国の生地とイタリアの生地

紳士服地の代表と言ってよい英国とイタリアの生地であるが、つくられる服の方向性によってその性格も明確に分かれている。英国では、腰のある強い羊毛で織られた生地を使い、アイロン操作によって形づくられた構築的な服づくりをする。一方、イタリアの服は軽く柔らかな生地を用い、非構築的な服づくりを特徴とする。ただし現在は、服のカジュアル化、簡略化という世界的傾向があり、ツイードを代表とするスコッチ素材や趣味性の高い英国調のスーツを除いて、多くの英国服も軽くてソフトという傾向から外れることはない。

タータン・チェック — *Tartan Check*

タータン・チェックという呼称は日本だけのもののようである。通常は単にタータンと呼ぶのが一般的であり、タータン・プラッドという言い方の方が理解されやすい。

語源はフランス語の古い言葉でテリターナ Teritana（麻と毛の交織織物）から転訛したという説や、13世紀中期にスペインでつくられたチリタナ Tiritana という小さな格子柄が起源という説がある。

タータン自体はスコットランドが独立した国家であった時代から存在し、スコットランド王家のために血を流して戦ったクラン（氏族）が、その領主ごとに違った柄のキルト Kilt を用いたのであった。また、分家ができたり戦功があったりすると、本来の柄に1本あるいは2本チェックが加えられるなどして柄が増えて行き、現在では170を超える数になっている。

クラン・タータンといって、日本の家紋と同様の役割が知られているが、同じクランの中でも戦い、狩り、正装など用途別のタータンがあり、さらに色使いによって階級までも表すということである。チーフ・タータン Chief Tartan、ドレス・タータン Dress Tartan、ハンティング・タータン Hunting Tartan、モーニング（葬儀用）・タータン Mourning Tartan などである。

近頃はファッション商品として位置づけられており、商品として常に人気があり、色彩豊富なタータンであるが、本来の色数はあまり多いものではない。基本が草木染であり、色数は8種しかないという。グリーンはハリエニシダの樹皮と矢車菊、赤はワロタールという岩苔、黄色はワラビヤピース類の植物、黒はハンノキの樹皮等で染められると言われている。

アースキン
ERSKINE RED/GREEN

アースキン
ERSKINE BLACK/WHITE

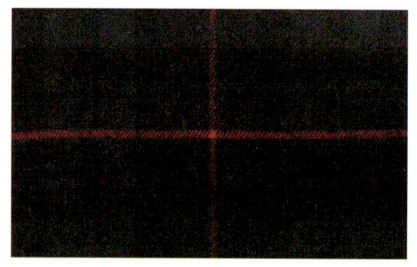

アームストロング
ARMSTRONG

アンダーソン
ANDERSON

カーネギー
CARNEGIE

カーフーン
COLQUHOUN

カニンガム
CUNNINGHAM

カミング
CUMMING

カレドニア
CALEDONIA

キャメロン　エラット
CAMERON ERRACHT

キャメロン　エラット
CAMERON ERRACHT O/C

キャメロン　クラン
CAMERON CLAN

キャンベル　エイシェント
CAMPBELL ACIENT REP

キャンベル・オブ・アーガイル
CAMPBELL OF ARGILE

グラハム・オブ・モントローズ
GRAHAM OF MONTROSE

グラント
GRANT

服地の事典編

タ

105

グラント
GRANT O/C

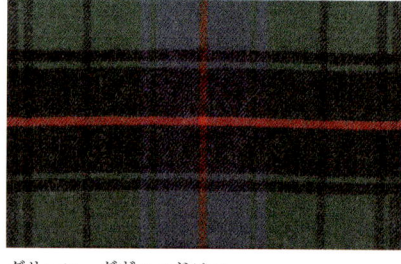

グリーン　ダヴィッドソン
GREEN DAVIDSON O/C

クロフォード
CRAWFORD

ゴウ
GOW

ゴードン
GORDON O/C

ゴードン　ドレス
GORDON DRESS

コックバーン
COCKBURN REP.

スコット　ブラウン
SCOTT BROWN REP.

ダグラス
DOUGLAS O/C

ダグラス　グレイ
DOUGLAS GREY

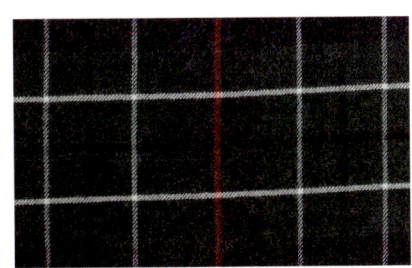

ダンカン
DUNCAN

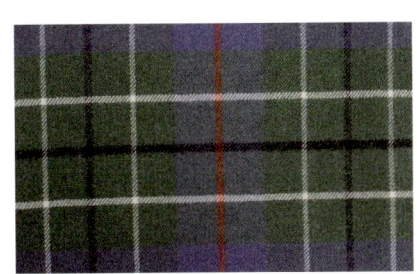

ダンカン
DUNCAN O/C

ダンバー
DUMBER

ドラモンド・オブ・パース
DRUMOND OF PERTH

バークレイ　ドレス
BARCLAY DRESS

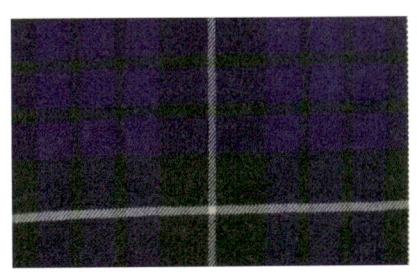

ハミルトン　ハンティング
HAMILTON HUNTING

ハミルトン　レッド
HAMILTON RED

ファーカーソン
FARQUHARSON

ファーカーソン
FARQUHARSON O/C

ファーグソン
FERGUSON

フォーブス
FORBES

フォーブス
FORBES O/C

ブキャナン
BUCHANAN

ブラック・ウオッチ
BLACK WATCH

プリンセス・エリザベス
PRINCESS ELIZABETH

プリンセス・ベアトリス
PRINCESS BEATRICE

ブルース
BRUCE

ブルース
BRUCE O/C

フレーザー レッド
FRASER RED

フレッチャー
FLETCHER

ブロディ レッド
BRODIE RED

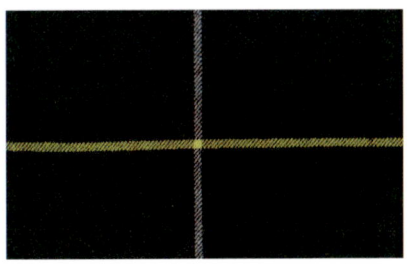

ヘンダーソン
HENDERSON

服地の事典編 タ

マカリスター
MACALLISTER

マクダフ　ドレス
MACDUFF DRESS

マクドウガル
MACDOUGAL

マクドナルド　ドレス
MACDONALD DRESS

マクビーン
MACBEAN

マクファーレン　ハンティング
MACFARLANE HUNTING O/C

マクファーレン　レッド
MACFARLANE RED

マクベス
MACBETH

マクラウド　ドレス
MACLEOD DRESS

マクリーン　ハンティング
MACLEAN HUNTING

ラムゼイ
RAMSAY

ロイヤル・カナディアン・エアフォース
ROYAL CANADIAN AIR FORCE

ローズ　ハンティング
ROSE HUNTING

ロス　ハンティング
ROSS HUNTING O/C

ロバートソン　レッド
ROBERTSON RED

ロブ・ロイ
ROB ROY

服地の事典編

タ

ダイアゴナル —— *Diagonal*

　ダイアゴナルは「対角線の」という意味であるから、いわば綾目(あやめ)がはっきりした織物を広義で言う場合の名称と言ってよい。したがって、名称がついている綾織物もダイアゴナルと言えなくはないのだが、ギャバジンやサージは織名と言うべきだし、キャヴァリー・ツイルやホイップコードは柄名としても明確である。したがって現在では、はっきりとした綾目を持つ、どちらかといえば太番手(ふとばんて)の糸を使用して織られた生地をダイアゴナルと呼んでおり、ジャケット地やコート地に見ることができる。

　使用目的や生地の雰囲気によって冠をつけ、〝ファンシー・ダイアゴナル〟、〝ダイアゴナル・オーヴァーコーティング〟、〝ダイアゴナル・ツイード〟などのように使用することもある。

ダイアゴナル

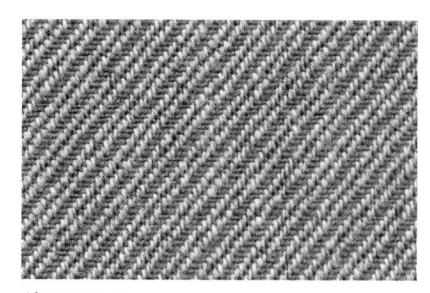

ダイアゴナル

タッサー —— *Tussah*

　タッサーの語源は、ヒンズー語のタサール Tasar であり、シャトル Shuttle (杼(ひ))という意味を持つ。本来のタッサーはタッサー・シルクと称されるように、野蚕絹(やさんけん)でつくられた絹織物がインドのベンガル地方で被服として着用されたのが始まりであった。多くは野

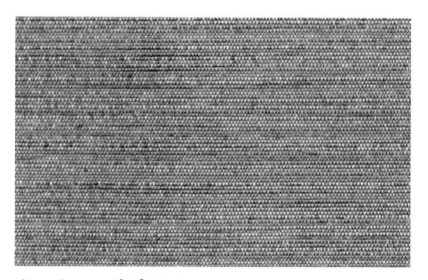

タッサー・ポプリン

蚕絹の特徴である淡黄色から褐色に至るナチュラルな色を染色せずに使用していた。絹以外の織物としては、タッサー・ポプリンとも呼称されるように、組織的には緯糸〔よこいと〕に太い糸を使用して強い緯畝〔よこうね〕を現したポプリンの仲間である。

タッサー・シャーティング

タッターソール・チェック —— Tattersall check

　ロンドンのナイツブリッジにある、馬市場と馬賭師たちの集会所（ブックメイカー）がある場所をタッターソールズというようだ。これは競走馬に掛ける毛布の柄であるチェックをとって乗馬服のヴェストに用いたという歴史を持つ柄である。乗馬用ヴェストに用いた別の呼称としてハント・ヴェスティング Hunt Vesting という場合もある。

　基本的にはややクリームがかったベースの上に、黒と臙脂〔えんじ〕で格子を切った柄がオリジナルとされているが、黒と黄色、紺と黄色などの組み合わせも多く、ファッション・アイテムとしては地色が濃いものも存在する。

タッターソール・チェック

ダークグランドのタッターソール・チェック

ダブル・クロス —— Double Cloth

　ダブル・フェイス、ダブル・プレインという呼称もある二重織の織物で、2枚の生地を接結糸でつなぐ織り方によって、厚くて軽いオーバーコート地をつくることができる。

　同色での裏表、裏表のカラーを変化させたもの、裏表の組織を変化させたもの、無地と柄との組み合わせなどさまざまな変化が考えられる。また、この特色を服づくりに生かし、接結糸をカットし、裁断面を内側に折ってパイピングをかける、いわゆる一枚仕立てという方式で縫製された、高級感と軽さとを併せ持つオーバーコート、ジャケットなどがある。

表と裏のカラーを変化させたもの 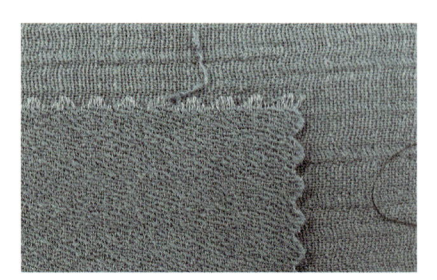　　表と裏の組織を変化させたもの

ダブル・ストライプ —— Double Stripe

　2本縞のこと。1つのストライプ（縦縞）が2本ずつのストライプのかたまりで構成され、多くの場合等間隔で表現される。

ダブル・ストライプ 　　ダブル・ストライプ

チェヴィオット・ツイード ─ *Cheviot Tweed*

　本来はスコットランドのチェヴィオット・ヒル Cheviot Hills 付近に産するチェヴィオット・シープ・ウール Cheviot Sheep Wool を原料として織られたツイード生地のことであるが、現在では56番手以下の粗い羊毛を用いたツイード調生地の総称として使われている。

　チェヴィオット・ウールで織った梳毛織物をウーステッド・チェヴィオットと称し、冬物のスーツ地としても人気があった。また、毛布、カーペットなどの原料としても需要が高い。チェヴィオット・シープはスコットランドの丘陵地帯で育った強壮で活発な性格を持つもので、その毛質は強くて野趣に富み、光沢があるので染色して鮮明な色彩のよいものが得られる。

　ロンドンの生地商は、自分たちへの優先的な色柄を求めてさまざまなサンプルを生地メーカーに要求した。その結果のアイデアが桝見本（56ページ参照）の作成であったのだ。この方法によって多くの色柄見本の提案が可能になり、まさにこの時が桝見本の始まりといってよいのである。

チェヴィオット・ツイード

チェヴィオット・セーター

チェヴィオット・ツイード

チョーク・ストライプ — *Chalk Stripe*

　名前の由来はまさに黒板にチョークで引いた線、あるいは生地の上にテーラーズ・チョーク Tailor's Chalk で引いた線ということで、少しぼーっとしたはっきりしない線を言う。その、ぼーっとした線を表現するのに最も適した素材がフランネルであるが、粗びた霜降り感をいかに良い雰囲気で表現するかが素材メーカーの腕の見せ所と言える。

チョーク・ストライプ（155ページ参照）

チョーク・ストライプ

ツイード — *Tweed*

　本来的な言い方をすれば、ツイードとはスコッチの総称である。もともとはスコットランド地方において自家で紡いだ糸で製織した、いわゆるホームスパンのことだけをツイードと言っていたのであるが、時代と共に量産の必要に迫られ、現代では

ツイード生地

糸づくりもさることながら、手織りに限らず機械で織られたものであっても、スコッチ風紡毛生地全体をツイードと称するようになっている。
　ツイードは日本での紬同様に、織られた地方による特徴と名称がついており、

サキソニー・ツイードを除いて基本的に英国羊毛を使用する。たとえば、ブラック・フェース Black Face、チェヴィオット Cheviot、シェットランド Shetland、サフォーク Suffolkなどの羊である（41ページ参照）。

つくられた地方、原料によるポピュラーな名称としては下記がある。

①ハリス・ツイード Harris Tweed
②ドニゴール・ツイード Donegal Tweed
③シェットランド・ツイード Shetland Tweed
④サキソニー・ツイード Saxony Tweed
⑤チェヴィオット・ツイード Cheviot Tweed

他にはあまりポピュラーではないが、ホップサック・ツイード Hopsack Tweed、バノックバーン・ツイード Bannockburn Tweed、コンネマラ・ツイード Connemara Tweed などがある。

ツイードの起こりとしては、2つの説がある。一つはツイード川流域で生産されていたことからその川の名をとってつけられたという説。もう一つは、19世紀半ば、ロンドンの商社に委託販売をすることになったときに、伝票にツイル Twill（綾織り）と書くところを、書記のくせでツイード Tweed と読めるような字で書いたことからツイードと呼ぶようになった、という説である。

ツイード

ツイード

ツイステッド・ヤーン —— *Twisted Yarn*

　通常、杢糸と呼んでいるものであり、それぞれ違う色に染めた単糸を2本ないし3本撚ることでつくられる意匠糸のことを言う。通常は2本撚りが多いが、3本撚り、つまり3色でつくられた糸は三つ杢と言う。単糸を糸染めで染めた場合を染杢、トップ染めした糸を使用する場合は霜降杢と呼んでいる。また、カラフルな糸の組み合わせでつくられた糸をあえて〝珍杢〟と呼ぶ場合もある。

　ツイステッド・ヤーンというのは日本及び英語圏での言い方であり、フランス、イタリアなどでは糸そのものは旋回を意味するムリネまたはモウリーン Mouline と呼び、織り上がった生地は表現されたイメージからメランジ Merange と呼ぶのが一般的である。

杢糸による変形ヘリンボーン

杢糸（ツイステッド・ヤーン）

ツー・アンド・ツー・チェック —— *Two and Two Check*

　梳毛の細番手でつくられたこれらの柄は、通常ピン・チェックと呼ばれる場合

通常はピン・チェックと呼ばれる

ツイードでの古典的な柄の一つ

118

が多い。ツイードや太番手(ふとばんて)のジャケット生地で、経糸(たていと)、緯糸(よこいと)共に濃淡色をそれぞれ2本ずつ打ち込んだもので、2本ずつということが確認できるのでこのような呼び方があると考えられる。日本ではあまりポピュラーな呼称ではない。

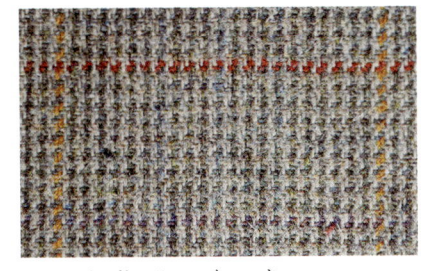

ツー・アンド・ツー・チェック

デニム — *Denim*

　デニムの語源はフランス語のセルジュ・ド・ニーム Serge de Nimes（ニーム産のサージ）とされる。

　語源にサージの名があるものの、サージは通常2/2、あるいは3/3の綾(あや)である。一方、経糸(たていと)にインディゴ・ブルーを、緯糸(よこいと)に白糸を打ち込むデニムは、ほとんどが3/1あるいは2/1の綾であって、サージとは異なる生地である。

　現代ではその出自が作業服にあったことなど忘れられるほど街着の世界標準になったデニム生地であるが、まさに服と生地が完全にかつ自然にマッチしたことにより、服飾史上最もポピュラーな生地となったのである。

インディゴ・デニムを使ったジーンズ

ドスキン ── Doeskin

　古い資料に、ドスキンとバラシャは同じもので呼び方が違っているだけという記述もあるように、その差を正確に伝えるのは難しい生地の一つと言える。経朱子をベースにした変化組織と言ってよく、縮絨起毛したのち表面の毛を刈り揃えて押さえるという方法により、名称のように「牡鹿の皮」といった滑り感のある風合いを特長とする。

　この方法による仕上げを、ドスキン・フィニッシュ Doeskin Finish あるいはフェイス・フィニッシュ Face Finish と言う。現在ではフォーマル・ウエア用生地としての位置づけしかなく、ほとんどは黒に染められて使用される。

ドスキン

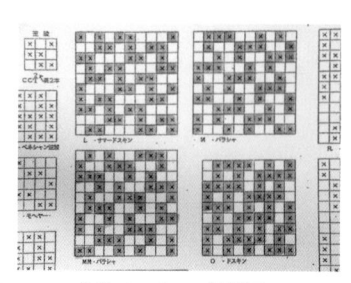

フォーマル生地メーカーの組織図。バラシャとドスキンの差が微妙なことが分かる

ドッグ・ツース ── Dog Tooth

　これもやはり柄の見た目からついた名称であるが、フランス、イタリア、日本は共に「鳥」が名前のもとになっている。日本では古くからこの柄は〝千鳥格子〟と言われているが、千鳥が群れをなして飛んでいる様を見立てたものである。イタリアとフランスでは共にピエ・ド・プール Pied-de-poule（雌鶏の足）という呼称を使用しており、比較的大きめの柄をピエ・ド・コック Pied-de-coq（雄鶏の足）と呼んでいるが、大きさによる厳密な分け方は困難である。

　英語圏では犬の牙の形に見立てたと思われる、ドッグ・ツース Dog Tooth 及びハウンド・ツース Hound Tooth と呼ばれている。このうちやや小さめの柄をドッグ・ツース（犬の牙）、大きめの柄をハウンド・ツース（猟犬の牙）と慣習

的に呼び分けているようであるが、やはりどこからがドッグでどこからがハウンドかという区分けは困難である。

ドッグ・ツース

大きなハウンド・ツース（右の2つの柄）

ドニゴール・ツイード —— *Donegal Tweed*

　ドニゴール・ツイード Donegal Tweed は、アイルランド北西部ドニゴール州産のツイードであり、ナッブ Nub（節糸）が入った生地が特徴である。スコッチのハリス・ツイードと並んでアイリッシュ・ツイードを代表する素材であり、ツイードの双璧と言うことができる。我が国ではドネガルという言い方もある。ベースは伝統的なカラーであるが、節糸に赤、青、黄色などのカラー・ネップを織り込んで表現されたものが典型的なドニゴール・ツイードである。

カラー・ネップが特徴のドニゴール・ツイード

トニック ── Tonik

糸を三本撚りにしたものを三子糸（3 ply）と言う。糸は太くなるが、生地はしっかり感があり、糸を強撚したことによる気孔が多い涼感に優れたものになる。経糸・緯糸共に、ウール100％のものは、通常ポーラー、フレスコなどと呼称され、緯糸にモヘアを用いた生地をトニックと呼んでいる。ポーラー、フレスコ、トニック共に英国のマーチャントの商標であったが、現在は一般名称化している。

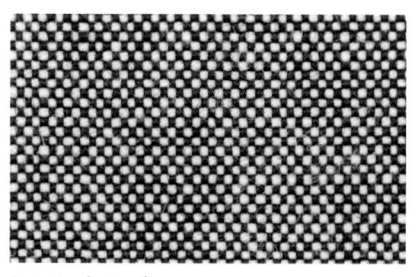

また、三子糸（三つ杢ポーラーなどと言う）に限らず、近年は双糸を強撚したものも一般的にトニック、ポーラーと呼んでいる。

モヘア・トニック

ドビー・クロス ── Dobby Cloth

原始的な織物とはすべて平織りであり、平行に張られた経糸の間に緯糸を通すことでつくられていた。経糸を1本おきに一斉に引き上げれば他の経糸との間に隙間ができ、そこに緯糸をまっすぐに通すだけで済む。この1つのグループの糸を一斉に引き上げる装置として「綜絖」が考案されたのである。

この装置の出現によって、複雑な組織や配色が可能になったのであるが、ドビー装置はこれら「綜枠」が8枚以上必要な組織と色を扱う時に必要となる装置

ドビー・クロス

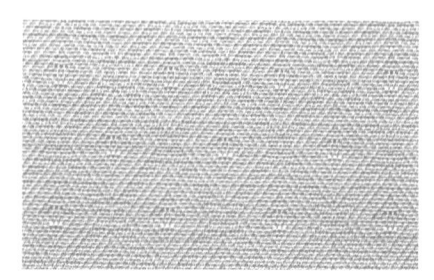

ドビー・クロス

である。多くは16枚から24枚ほどが中心となるが、48枚もの「総枠」を持つドビー織機も存在する。コンピューターの原理になったというジャカード織機は、ドビーをより複雑にした装置ということができる。

トリコティン —— *Tricotine*

　古くは"綾メリヤス織り"という呼称があった。フランス語のトリコ Tricot（編み物）が語源である。キャヴァルリー・ツイルと組織は同じであり、綾目が2本になっている部分が特徴で、"二重綾"という言い方もされている。リブ編み（ゴム編み）の目風が2本線に見えるところからつけられた名称である。

　綾目はおよそ60～65度と傾斜が強い。キャヴァルリー・ツイルを男性的、トリコティンを女性的として呼称を分けることもあるが、どちらも同じものである。

　米国ではエラスティック Elastique と呼ばれることもあり、トリコティンと共にニット・ライクな伸縮性のある素材としてとらえられている。

トリコティン

トリコティン

トリコティン

123

トリプル・ストライプ —— *Triple Stripe*

3本縞のこと。1つのストライプ（縦縞）が3本ずつのストライプのかたまりで構成され、多くの場合等間隔で表現される。

トリプル・ストライプ（*片柄）　　　　　トリプル・ストライプ

＊片柄とは3本の縞が中の1本を中心に非対称であるものを言う。縞は3本とは限らない。

トロピカル —— *Tropical*

現在では梳毛の細番手で織った、比較的目付の軽い平織りのことをトロピカルまたはトロピカル・ウーステッドと呼んでいるが、古い資料によれば綾織りであっても、目付の軽い夏向きの生地であればトロピカルと言っていたようである。つまり、トロピカルは生地の目付（重さ）に対して、特に夏向きの軽い梳毛織りの呼称であって、必ずしも平織りだけとは限らなかったのである。

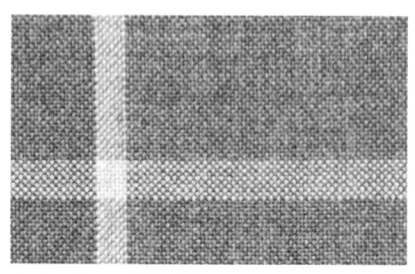

ウインドー・ペイン柄の
トロピカル・ウーステッド

トロピカルは「熱帯の」という意味であるが、英国の毛織物がインドやアジアの暑い地域に輸出されていたからこのように呼称されたという説と、熱帯でも着ることができる薄い梳毛生地であることからこう呼ばれたという説とがある。我が国ではサマー・ウーステッドと言う場合もあるが同じものである。

ナッピング仕上げ — *Napping Finish*

ナッピング・クロスとも言い、仕上げの種類の一つである。日本名は玉羅紗(たまらしゃ)と言う。あえて生地にピリング(毛玉)をつくる手法で、ピー・コートやその他カジュアルコートに多く使用される。

ナッピング仕上げ

毛織物の毛は人間の髪の毛と同様、湿気と熱と圧力でいろいろな形にセットすることができる。ウールにはその上に縮絨(しゅくじゅう)という性質があるので、布面に出ている毛羽を手で撫(な)でるようにして擦(さす)ると、毛羽が縮絨していろいろな形につくられる。この作用を持つ特殊な機械をナッピング・マシーンと言う。この機械は加熱装置のついた摩擦台と摩擦板とで布面の毛羽を撫でる作用をし、その摩擦板の運動は望まれるナップの形状によって、必要な動きができるようにつくられているのである。

ナッブ・ヤーン — *Nub Yarn*

いわゆる飾り糸(ファンシー・ヤーン)の一種で、節糸(ふしいと)あるいは星糸(ほしいと)と呼ばれている。メンズ・ウエアの生地にはポピュラーに使われる糸ではないが、ドニゴール・ツイードに見られる節糸は、ネップあるいはナッブ糸を特徴とする代表的なものと言える。

ナッブ・ヤーンが効果的なジャケット地

ネップ・ヤーン ── *Nep Yarn*

　このタイプの飾り糸を通常ネップ糸と呼んでいるが、古い資料ではノップ Knop という言い方の方が一般的である。ノップは芯糸に搦糸がからんで〝こぶ〞をつくり、押さえ糸でセットされている。搦糸を2倍、3倍にすることにより、〝こぶ〞の大きい飾り糸をつくることができる。印象としては、ネップの方がノップよりも細かい飾り糸と考えられるが、明確な区分けは困難である。この節をスポット Spot と呼ぶこともある。

ドニゴール・ツイードにおけるカラー・ネップ

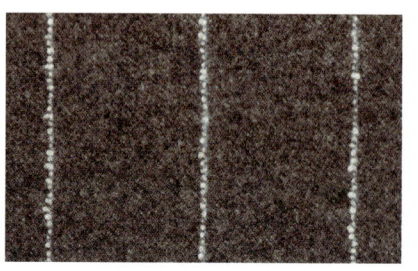

ネップ・ヤーンによるストライプ
（155ページ参照）

Column　モーニングの生地

　英国の貴族が馬に乗って朝の散歩をする際に、フロック・コートのフロントが邪魔となり、それをラウンドにカットしていったものが、現在のモーニング・コートの原型である。つまり、本来はフロック・コートに対する半礼服、あるいは朝の訪問服であったものが、時代と共に最礼装に昇華していったのである。

　最礼装としてのモーニングは、ドスキンなどの礼装生地の上着とコールズボン生地が組み合わさった上下別生地であるが、アスコット競馬場で着られるアスコット・モーニングなどは、ヴェストと共に明るいフランネルなどを用いた共生地でつくられている。

ハ

バーズ・アイ — *Birds Eye*

　バーズ・アイは、そのまま訳すと鳥目である。少し前にはスーツ生地の定番柄としてシャーク・スキン、ドッグ・ツースなどと共に、常にマーケットに存在していた。古い資料には「石目織」という言い方もあるが、少し離れたところから見たイメージが細かい白黒の石目に見えることからつけられた名称と考えられる。イタリア語でもそのまま、オッキオ・ディ・ペルニーチェ Occio Di Pernice（山ウズラの目）と、鳥の目に見立てた名で呼ばれている。

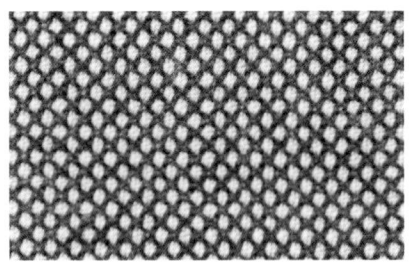

バーズ・アイ

バーズ・アイ

バスケット・ウィーヴ — *Basket weave*

　経糸、緯糸ともに、2本以上の糸を引き揃えて織り上げる、平織りの一種。通常2本ずつを引き揃えたものは、マット・ウィーヴあるいは斜子織りと言っており、2本以上のものをバスケット・ウィーヴ（籠目織り）と呼び分けている。

バスケット・ウィーヴ

〰〰〰〰〰 バラシャ —— *Barathea*

ドスキンの項（120ページ）にあるように、畝組織の変化織りと言ってよい。多くは細番手の梳毛を使用し、縮絨起毛して仕上げられる。黒に染色され、フォーマル生地として使用される場合がほとんどであり、フォーマルヴェスト用にシルバーグレイに染色されることもある。

バラシャ

〰〰〰〰〰 番手

番手とは、〝繊維〞すなわち一本一本が数cmから十数cm、細さは1000分の何mmという動物の体毛や植物の茎や綿から、撚りをかけてつくられた糸の太さに対する呼称である。

番手で表記できる糸は短い繊維に撚りをかけることでできたものなので、これらを短繊維、あるいはスパン糸という。

さまざまな太さの織糸

番手を決める単位にはメートル法（羊毛）、ヤード・ポンド法（綿、麻）があり、さらに綿と麻との基準単位が異なるなど、未だ煩雑である（16ページ参照）。

〰〰〰〰〰 ハリス・ツイード —— *(Harris Tweed)*

スコッチ・ツイード Scotch Tweed と言えばハリス・ツイードHarris Tweedと言われるように、スコットランド西方のハリス島を中心とするアウター・ヘブリデス諸島産のケンプ Kemp（死毛）入りツイードは、ホームスパンHomespunお

よびツイードすべての代名詞とも言うことができる。したがって、現在ではイタリア製のファッション性が高いツイードや日本製の生地も一般名称としてこう呼ばれることも少なくない。

もともとヘブリデス諸島の農民によってつくられていたハリス・ツイードに協会ができ、写真のような登録商標を用いるようになったのも贋作が増えたことと無関係ではない。登録商標を用いるには、カーディング（繊維を一方向に揃える）工程以降、すべて手づくりが条件であり、ヘブリデス諸島の人々によって手織りされ、さらに島内で整理加工をする必要がある。

このように、本来は手織りされていたことからホームスパンとも呼ぶようになったのだが、現在はハリス・ツイードのような雰囲気の生地を広い意味でホームスパンと呼ぶようになっている。ハリス・ツイードの最大の特徴は、多くは昔ながらの染色法を行っており、植物の根や苔などを原料とすることによる、独特なカラーに見ることができる。また、これらの原料となる羊は山岳地帯に棲んでいることで染色できないケンプが混在している。サキソニーやチェヴィオットでは厳重にケンプの混入が禁止されているが、これとは対照的である。

ハリス・ツイード及びドニゴール・ツイード等

ハリス・ツイードのヘリンボーン

ハリス・ツイード

服地の事典編 八

ビーバー・クロス —— *Beaver Cloth*

　ビーバーという呼称は生地に対して使われる場合、ほとんどは「仕上げ（フィニッシュ／整理）」についてのことである。オーバーコート地としてポピュラーなカシミヤ、ヴィクーニャ、キャメルなどのように、その原料が生地の呼称になっているわけではなく、ビーバー仕上げをした生地をビーバー・クロスと呼んでいるのである。

　ビーバー仕上げとは多くの場合、太番手の紡毛糸で織りあげた生地を縮絨、起毛、剪毛し、さらに毛羽立ちをして縦の方向にプレスをし、一方向に仕上げた生地を言う。まさにビーバーの毛皮に似せた織物というわけである。

ビーバー仕上げ 　　　　　　　　ビーバー（海狸）

ビキューナ／ヴィクーニャ／ヴィキューナ —— *Vicuna*

　学名はラマ・ヴィクーニャ Llama Vicugnaという。その毛も一般にビキューナ

ビキューナ／ヴィクーニャのコート地 　　　　　ビキューナ／ヴィクーニャ
（写真：ザ・ウールマーク・カンパニー）

またはヴィクーニャと呼ばれている。ラクダ類ラマ属で、エクアドルからアルゼンチンにかけての高地3700〜5000mに生息する。

ヴィクーニャは性格が臆病なために家畜化が困難である。産毛の太さは10〜14ミクロンと細く、希少性は最も高く最高級織物として珍重されている。

我が国ではビキューナという呼称が一般的であるが、通常はヴィクーニャが正しい発音に近い（50ページ参照）。

ピック・アンド・ピック —— *Pick and Pick*

シャーク・スキンの項（97ページ）で述べたが、ピック・アンド・ピック Pick and Pick、エンド・アンド・エンド End and End、シャーク・スキン Shark Skin、そしてイタリアで使われるサーレ・エ・ペペ Sale e Pepe（塩と胡椒）は同意異名と考えることができる。つまり、これらは国と地域による呼び方の違いと言ってよいのである。これらは、生地の見た目からつけられた名称であり、白黒を基本とする2色の色差がはっきりした細かい柄に対する印象から来ている。

資料によれば、ピン・ヘッド Pin Head（133ページ）のことをピック・アンド・ピックと呼称しているものもある。ピン・ヘッドは、ピンの頭を並べた状態を思わせるところからつけられているわけであるから、どちらも間違いではない。日本での一般的呼称はシャーク・スキンである。

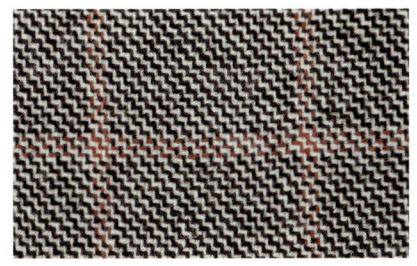

ピック・アンド・ピックにオーバー・チェック

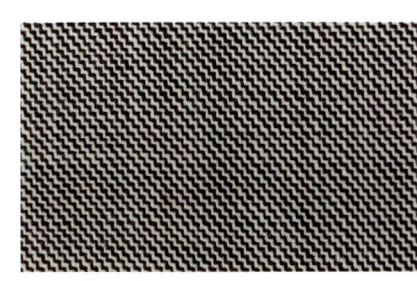

シャーク・スキン

ピン・ストライプ —— *Pin Stripe*

　いわゆる点で構成されたストライプ（縦縞）の呼び名である。とはいえ、ニューヨーク・ヤンキースのユニフォームをピン・ストライプと称するところをみると、必ずしも点でできているものに限らず使用されているのが現実である。したがって、狭く定義すれば〝点々縞〟ということであるが、現在の一般的解釈はミニ・ストライプからペンシル・ストライプ、そしてピン・ストライプからボールド・ストライプへと向かう大きさ、太さのイメージに対しての呼称となっている。少し古い資料には、ピン・ポインテッド・ストライプ Pin-Pointed Stripe、さらに大きい点々縞をドッテッド・ストライプ Dotted Stripe というように分けている表現も存在する。

ピン・ストライプと呼ばれる範囲にある 　　　　ピン・ポインテッド・ストライプ

ピン・チェック —— *Pin Check*

　ピン・チェックは柄の大きさによって呼び方が違うが、業界ではそれらしい柄は一様に〝ピン〟と言っている。総合的にはいわゆるニート（きちんとした、こざっぱりとした）チェックと言われるものであるが、スモールチェックやミニチェック、日本では「微塵格子」と言っても間違いではない。

　一番小さいものをピン・ポインテッド Pin Pointed と言う。まさに針で穴を開けたような小さなパターンの集積である。次に小さいのはピン・ヘッド Pin Head である。このあたりが一般的にピン・チェックと称しているものである。3番目はあまり一般的でないティック Tick というネーミングであるが、古い資

料によればピン・ヘッドより大きいものを指すということである。

　いずれにしても、組織的には経糸(たていと)に濃色を整経(せいけい)し、緯糸(よこいと)に濃色と淡色を1：1で打っていく（平織(ひらお)り）とこの柄が現れる。経緯を逆にすることも可能。

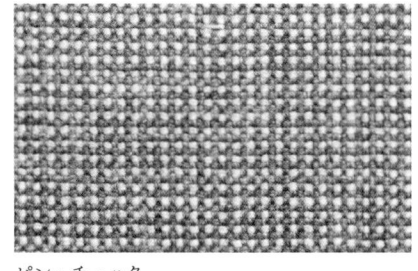

ピン・チェック

ピン・チェックの上にストライプ

ピン・チェック

ピン・ヘッド・ストライプ — *Pin Head Stripe*

　ピン・ヘッド・ストライプは、ストライプ（縦縞）の形状よりもストライプそのものの出方と考える方が分かりやすい（前ページ、「ピン・ストライプ」の項参照）。ドット（点）でつくられたストライプである。

ピン・ヘッドによるオルタネイト・ストライプ

服地の事典編

ヒ

133

フランネル —— *Flannel*

　フランネルと同様に使われる言葉にフラノ Flano があるが、フラノという単語は英語の辞書には載っていない和製英語であり、フランネルの〝通称〟と記述しているものが多い。現実には分けて使われることはないが、古い資料には別な見方をするものもあるので参考までに記しておく。

　フランネルは18世紀頃、英国ウエールズにおいて、当初は肌に直接ふれる婦人用の素材としてつくられたものであり、英国の貴婦人が毛織物を肌につけたのはフランネルが初めてだとされる。その後徐々に改良されてテニス用の運動服に使用されるようになり、スポーツ・フランネル、テニス・フランネル、クリケット・フランネルなどの名称を持つフランネルがつくられるようになった。当初はソフトで素材に腰がなかったが、時代とともに腰のあるトラウザーズ素材として使われるようになっていった。

　つまり、本来、女性的な素材であったフランネルが男性的な〝フラノ〟になることにより、現代ではスーティング用の梳毛フラノまでがつくられるようになったが、本来フランネルは紡毛素材のみであった、ということである。

最もフランネルに似合うトップ・グレー

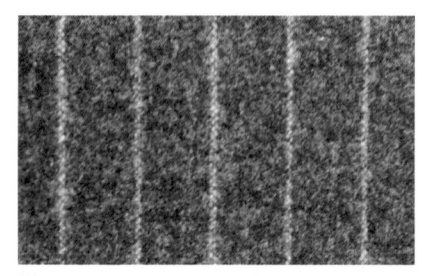

柄ではチョーク・ストライプがフランネルとよくマッチする

ブレザー・ストライプ —— *Blazer Stripe*

　ジャケットの一種であるブレザーの語源はというと、オックスフォードとケンブリッジ両大学のボートレースの対抗戦で、選手たちが燃え盛る炎（ブレイズ

Blaze)のような真紅のジャケットを着用したことが始まりだとする説が有力である。

　その後、ブレザーは他の競技でのユニフォームとして発展し、無地だけでなくさまざまなストライプ（縦縞）柄が各クラブを主張し、識別するために発展した。ブレザー・クロスの多くはウーステッドの5枚朱子生地が基本といわれるが、現在はさまざまな素材が存在する。メタル・ボタンをつけ、クラブ章であるエンブレムを胸ポケットにつけるのがオーソドックスなスタイルである。

ブレザー・ストライプ

ブレザー・ストライプ

ブレザー・ストライプ

ブレザー・ストライプ

ブレザー・ストライプ

フレスコ —— *Fresco*

　フレスコという名称は、フレスコ画や「新鮮」という意味のイタリア語が語源のように感じられるが、歴史的にはイギリス（ロンドン）のガニア商会が、アフリカのコートジボアールにあるギニア湾に面した〝Fresco〟という都市名を冠して、夏服地を売り出した時につけた名称である。

　生地の内容は、撚りを強くかけた単糸を2本ないし3本に撚り合わせた糸で、平織りにすることによって気孔を多く持った織物となる。トロピカルに比べてより通気性が高いと言える。

　日本ではポーラー Poral という呼称の方が一般的であるが、同じものである。ポーラーもロンドンのエリソン商会が同様の生地を販売するときにつけた名称で、こちらはポーラス Porous（多孔性の）という言葉にちなんでいる。以前は3本撚りにして平織りにする、いわゆる三つ杢ポーラーが普通だったが、現在は2本撚りの強撚の平織りもポーラーあるいはフレスコと呼んでいる。

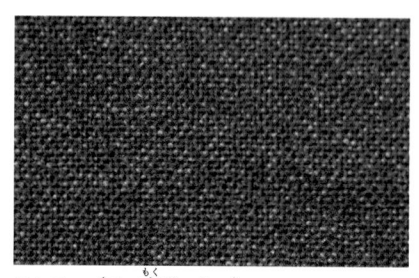

フレスコ（二つ杢ポーラー）　　　　　　　フレスコにウインドー・ペイン

フレンチ・カルゼ —— *French Kerzey*

　日本ではフランス綾という言い方が一般的である。2本の綾目が立っているのでキャヴァリー・ツイルやトリコティンとあまり区別なく呼称されている。古い資料には記述が少なく、古くからあるポピュラーな生地ではないと考えられるが、オーバーコートやパンツ用のしっかりとした生地として独特な雰囲気を持っている。

正確には綾が太細で構成されており、いわゆる〝子持ち綾〟という組織名を持つ。

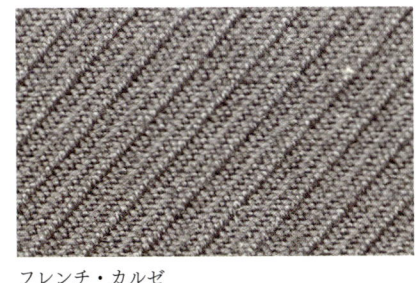

フレンチ・カルゼ

シャツ地で言われるフレンチ・カルゼ

フレンチ・カルゼ

ブロック・ストライプ — *Block Stripe*

いわゆる棒縞の太いもので、等間隔にストライプ（縦縞）が切られた柄を言う。シャツ柄で5mmほどの間隔を繰り返すものは、ロンドン・ストライプという言い方が一般的である。レガッタ・ストライプ*やクラブ・ストライプもブロック・ストライプの仲間と言える。

*レガッタ・ストライプ／英国の伝統ある大学対抗ボート・レース「ロイヤル・ヘンリー・レガッタ」の観戦用ブレザーとして流行したストライプ（縦縞）。

ブロック・ストライプ

ロンドン・ストライプ

ブロック・チェック —— *Block Check*

いわゆるシェパード・チェックと変わりはない。和名では市松格子、元禄模様などという呼び名がある。

いわゆる碁盤の目のような等間隔柄のもので、最も基本的でシンプルな柄であり、世界中で地域による独特な名称も存在する。大きなものにはテーブルクロス・チェックやチェッカー・フラッグなどがある。

ブロック・チェック（シェパード・チェック）

ヘアー・ライン —— *Hair Line*

まさに髪の毛の流れるラインをそのままイメージできるネーミングである。イタリア語ではミッレ・リーゲ Mille Righe（千縞）と言うが、和装やシャツ柄でも千筋と言い、さらに細かいのは万筋、刷毛目などと呼んでいる。

ウールの梳毛生地では、主に春夏用のスーツ地やパンツ地としての用途に使用され、無地柄と呼ばれる代表的なものと言える。

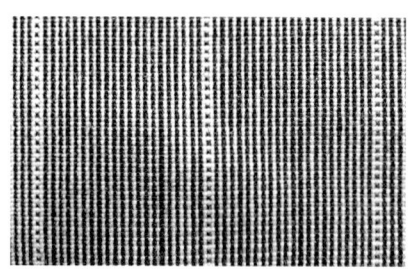

ヘアー・ライン・ストライプ（ヘアー・ライン地にストライプ＜縦縞＞を入れた柄）

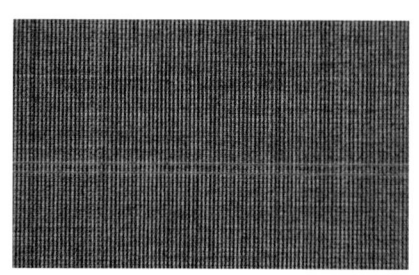

ヘアー・ライン・チェック（ヘアー・ライン地にチェック＜格子＞を入れた柄）

ベッドフォード・コード —— *Bedford Cord*

　ベッドフォード・コードとピケは明確な違いを提示しにくい生地の一つである。古くはウール素材でのこのような縦畝の生地をベッドフォード・コードと言い、綿素材での同様の生地をピケと呼んでいたが、現在では共に呼称としてピケを使用している。

　生地の構造は同様なものであるが、綿の場合、多くは畝の内側に芯となる糸が入っており（下図参照）、畝が高いこと、丈夫なことが特徴と言える。1つの畝の中に入っている糸の本数によって6本ピケ、8本ピケなどがあり、燕尾服のヴェストなどに使われる素材は白ピケが正装用とされる。一方、ウール織物としてのベッドフォード・コードのほとんどは畝の部分が2/1の綾で織られており、綿の場合と違って芯を入れているわけではない。

　このように、いずれの方法であっても縦に盛り上がった畝を表したものを総称しており、古い資料には芯が入ったものをワッデッド・ベッドフォード Wadded Bedford、畝の部分が綾組織で強調されているものをロンドン・コード London Cord とするという記述もあるが、現在はこれほど正確に分類されてはいない。

ワッデッド・ベッドフォード

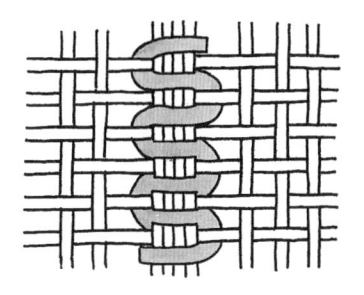

ロンドン・コード、いわゆるベッドフォード・コード

ベネシャン —— *Venetian*

　古くは繻子羅紗と呼ばれていた、いわゆる経繻子の梳毛織物である。経糸が密であることで綾目は急角度を表す。もともとイタリアのベニスで織られていた絹織物がルーツであり、繻子目とも相まって光沢のある織物が主流であった。経糸に綿を用い、緯糸に梳毛を織ったものや綿織物もあったが、現在、見出すことは難しい。メンズ衣料としてはスーツやパンツに使われる場合が多い。

ベネシャン

ヘリンボーン・ストライプ —— *Herringbone Stripe*

　基本柄は、やはり見た目のイメージからついた名称が多いのであるが、ヘリンボーン（杉綾）も日本では古くから存在している柄で、まさに杉の葉の形からつけられたものである。綾織りの変化組織の一つで、"破れ斜文"の一種と言うこともできる。

　英語圏では、ヘリンボーン Herringbone（にしんの骨）がポピュラーであるが、どの地域でも分かる一般化した名称の代表と言える。イタリアではやはり「魚の骨」という意味のスピナ・ディ・ペッシェ Spina di pesce が通常使われているが、スピガート Spigato（矢筈模様）などという言い方も存在する。シェヴロン

ヘリンボーン・ストライプ

ヘリンボーン・ストライプ

Chevron（山形の袖章）という呼称もあるが、やや大きめの杉綾を呼ぶ場合に使用するようである。

ヘリンボーン・ストライプ

ペンシル・ストライプ ── *Pencil Stripe*

ペンシル・ストライプには鉛筆で引いた線のような太さという説と、鉛筆1本くらいの幅という説がある。とはいえ、線の太さが同様であっても幅が狭いものはミニ・ストライプあるいはマイクロ・ストライプなどと呼ぶのが一般的である。したがって、ペンシル・ストライプとは、鉛筆1本程度の幅の、鉛筆で引いたような線であると言うことができる。

ミニ・ストライプ

ペンシル・ストライプ

ホイップコード ― *Whipcord*

　カヴァート・コーティング Covert-Coating によく似た生地にホイップコードがある。「鞭先の縄」という意味であるが、鞭縄を綾状に並べたイメージが生地のネーミングのもとになっており、カヴァート・コーティングより綾畝が盛り上がっているがっしりしたタイプの生地と言える。太目カルゼと呼ぶこともあるように、男性的な、主にオーバーコートや乗馬服に用いられる素材である。

　多くは経糸に太番手梳毛の双糸を用い、緯糸は紡毛の単糸を用いて綾目を立たせ、浮綾に製織するのが特徴と言える。

　古い資料の中に、ホイップコード・サージ Whipcord Serge（浮綾織りサージ）とホイップコード・ツイード Whipcord Tweed（浮綾織りツイード）という2種類の表記が見られるが、クリアなタイプと縮絨起毛したタイプの両方が存在したと考えられる。

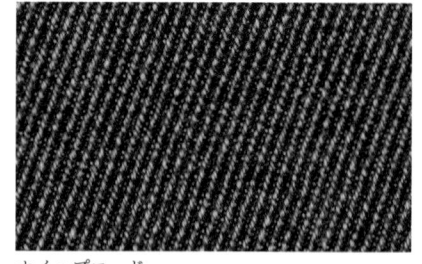

ホイップコードはオーバーコートなどに用いられる

ホイップコード

紡毛

「ウールン」の項（75ページ）参照。

ホームスパン ― *Homespun*

　一言で言えば手紡ぎ、手織りのスコッチを始めとするツイードの総称ということになる。とはいえ、英国内の表示は別として、①手紡ぎ、手織りの真物、②手紡ぎ、機械織りのもの、③紡糸、製織共に機械でつくられたものをすべてホームスパンと呼んでいるのが現状である。狭義の真正ホームスパンは、まさに日本の

紬同様、高価で、時間の経過と共に味わいが出てくる希少品と言うことができる（116ページ、ツイードの項参照）。

ホーム・スパン

ホーム・スパン

ポーラー —— *Poral*

　ポーラーは、フレスコ同様、商標名であった。ロンドンのエリソン商会が盛夏用の生地を販売するときにつけた名称で、こちらはPorous（多孔性の）という言葉にちなんでつけられている。以前は、強撚の通気性の高い生地に対する呼び名や商標名がいくつか存在していたようであるが、現在はフレスコとポーラーに収束した感がある。

　その他、エアリアル Ariel（空気の意味をもじったもの）やヴァンチラドール Ventilador（共にドーメル社の命名）、クールテックス Kooltex（ハダースフィールドのジョン・テーラー社の商標）、テレクストラ Telextra（ガニア商会の節糸入りポーラー）などがあった。

ポーラー（フレスコ）

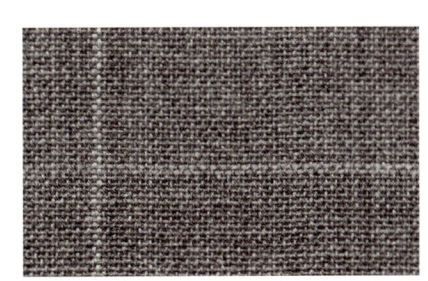

ポーラー

ボールド・ストライプ —— *Bold Stripe*

　その名のとおり、「はっきりとした、力強い」という意味のボールドとストライプを組み合わせた造語である。辞書に載っているような言葉ではないし、これが〝そのもの〟であるという例は、グレン・チェックのように明確ではない。柄の名称の一部は流行とともにあり、ボールド・ストライプが流行したのは1960年代の中ごろから後半にかけてで、「ピーコック・レヴォリューション」というファッショントレンドの中で輝いていた柄である。
　ブロック・ストライプやクラブ・ストライプなどもボールド・ストライプの一種と言える。

ボールド・ストライプ（155ページ参照）

ボールド・ストライプによるボールド・ルック

ボールド・ストライプ（155ページ参照）

ボールド・ストライプ

ボタニー・ウール —— *Botany Wool*

　ボタニー・ウールとはオーストラリア産の、品質の極めて優れたメリノ羊毛を言う。ニュー・サウス・ウエールズ州のボタニー湾近くで飼育された羊毛が優れ

ていたことからつけられた名称である。

　現在では通常のメリノ羊毛やウーステッドに冠としてボタニーの呼称がつけられ、ボタニー・サージ、ボタニー・ツイルなどと称されて高級品としてのイメージを保っている。

ボタニー・ウール原毛

ボタニー・サージ

ホップサック —— *Hopsack*

　ホップというビールの副原料があるが、それを入れる麻袋がこの組織であったことからつけられた名称というのがその由来である。組織は経糸（たていと）、緯糸（よこいと）ともに2本または3本を引き揃えて織られた平織り（ひらおり）、いわゆる斜子組織（ななこそしき）である。日本では莚織り（しろお）という呼称で呼んでいたことがあるが、莚織りは緯糸を太くするところがホップサックとは少し異なる。

　ホップサック・ツイードあるいはセルティック・ツイードCeltic Tweed など、平織りツイードの呼称としてポピュラーである。

ホップサック

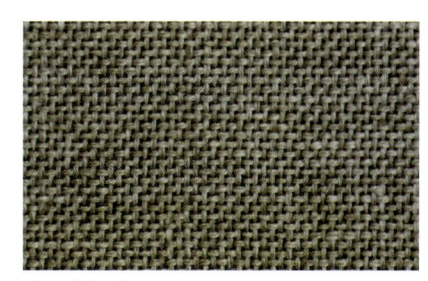

ホップサック

マ

桝見本

　桝見本とは、生地見本をつくる際に同色の色違い、あるいは同柄の柄違いをつくるための方法である。10〜15cm幅ごとに違う色の経糸を整経し、経糸と同じ順番に緯糸を打っていく。このことによって色と色の経緯、あるいは柄と柄の経緯でのさまざまな変化の見本をつくることができる。この中から一つの色あるいは柄のバリエーションをつくることを〝色ナレ〟を組むと言う（56ページ参照）。

桝見本

マット・ウーステッド ── *Matt Worsted*

　名前のとおり、マット Matt（斜子）のウーステッド Worsted（梳毛）織物のことである。斜子については基礎知識編の33ページに詳述しているが、経糸、緯糸共に、2本ずつ引き揃えて織られた平織りのことを言う。スーツ、パンツ共に多く使用される。

マット・ウーステッド

マット・ウーステッド

ミルド・ウーステッド ── Milled Worsted

ミルド Milled（縮絨した）にウーステッド Worsted（梳毛）織物がついた綾織りの薄地メルトンといった感じの生地のことを言う。原料は通常メリノ羊毛の双糸で織られたもので、綾織りのことを言う場合がほとんどであるが、時に平織りのことをこう呼ぶ場合もある。

ミルド・ウーステッド

アメリカではアンフィニッシュド・ウーステッド Unfinished Worstedと言い、クリア仕上げのウーステッドに対して半仕上げという意味をミルド・ウーステッドと同様に使用している。日本ではサキソニーとミルド・ウーステッドが同じ意味で使用されている。

メッシュ ── Mesh

メッシュは「網目」という意味で、主にニット（編み物）での表現が一般的である。盛夏用の肌着、ベビー・ウエア、ブラウスなどに多く用いられている。近年、盛夏用のメンズ・ジャケットの裏地などにも使われることが多くなった。通気性を追求して開発された生地組織なので、気孔の大きさと透けることが特徴であり、必然的にウール織物においてはジャケット素材が中心となる。

メッシュ

メッシュのジャケット地

目付

　目付とは織物の重さを表す基準を言う。織物の判断基準には、使われている原料、糸番手、仕上げ、打ち込みなどがあるが、我が国のように季節感が明確な地域での服づくりには生地の重さは重要な判断基準になる。

　現在では、目付を言う場合、ほとんどは生地のダブル幅（約1.5m）×1mでの重さを基準にしている場合が多いが、一部のメーカーでは1m×1m、すなわちスクエアー・メーターを使用しているところも存在し、輸出を多くしていた時代の名残を感じさせる。

　また、デニムにおいては現在でもヤード・ポンド法で表記するのが一般的であり、何オンスという言葉が使われている（39ページ参照）。

織物サンプルのラベルにはXXgと目付が表示される

デニムは現在でもヤード・ポンド法が一般的であり、目付もオンスでやりとりされる

メリノ —— Merino Wool

　メリノ種の羊は現在、世界各地に広範囲にわたって分布し、最も良質なウールを一番多く産出する羊種である。

　現在のメリノ羊毛のルーツはスペイン・メリノ羊毛であり、アフリカから輸入された牡羊によって改良された。その結果、近世のスペインでは真っ白な毛の純血メリノが頭数を増し、18世紀中葉には500万頭を超え、厳重な輸出禁止策のもとで独占的な富が築かれていった。

　現代では、メリノ種といえばオーストラリア・メリノと言われるほど、オーストラリアのメリノ種は他の国に比べて優れた特性を備えるに至った。羊の芸術と

まで言われるオーストラリア・メリノであるが、繊維の太さによって3段階にグループ分けされている。

①ファイン・メリノ：繊度18〜19ミクロン、繊維の長さ70〜75mm、用途は細番手高級梳毛織物、ニット・ヤーンなど。

②ミドル・メリノ：繊度20〜22ミクロン、繊維の長さ約90mm程度、用途は梳毛織物、超高級毛布など。

③ストロング・メリノ：繊度23〜25ミクロン、繊維の長さ約100mm、用途は梳毛織物、毛布などである。

メリノ羊毛は飼育する地域による影響が大きく、仮にオーストラリア・メリノ羊を日本で飼育しても同様の毛を得ることはできない。

ちなみに、オーストラリア以外で比較的知られている羊毛にスペイン・メリノ Spanish Merino、サキソニー・メリノ Saxony Merino、ニュージーランド・メリノ New Zealand Merino、タスマニア・メリノ Tasmania Merino、ウイントン・メリノ Winton Merinoがあるが、数量はニュージーランド・メリノが圧倒的に多い（47ページ参照）。

オーストラリア・メリノ種羊
（写真／ザ・ウールマーク・カンパニー）

メリノ原毛

メルトン —— Melton

経糸・緯糸ともに5〜20番程度の太番手紡毛糸を使用し、主に2/2の綾織りで製織した後、強い縮絨をかけ綾目を見えないように仕上げた厚地織物を言う。起毛を行った後、毛羽が目立たないように剪毛するが、地組織が覆われる表面仕上げをすることでメルトン仕上げができ上がる。糸番手の太さと縮絨をしっかりすることにより、目付が多い、主にオーバーコート、ピー・コート、ダッフル・コートなどに適した厚地織物ができ上がるが、基本的には糸番手や目付を除けばフラノ仕上げと変わるところはない。

イングランドのレスター州にある狐狩りで有名なメルトン・モーブレーでつくられたことに由来するが、ハンティング用のジャケットやコートの素材としてつくられたことがうかがえる。

メルトン仕上げ

メルトンでつくられたピー・コート

モッサー —— Mosser

正確にはモス・フィニッシュされた生地ということで、モッサーは日本で通称される呼び名である。モス Moss（苔）のような表情の整理（フィニッシュ）を言うのであるが、メルトンの毛の長いものと言う方が理解しやすいのではないだろうか。ポロ・コートや

モッサー（モス・フィニッシュ）

ベンチ・ウオーマーなどのカジュアルタイプのコートに適したフィニッシュと言うことができる。

モッサー

モヘア —— Mohair

アンゴラ山羊(やぎ)の毛をモヘアと呼ぶ。もともとアンゴラ山羊はトルコが原産だが、現在はトルコ、南アフリカ、アメリカが三大産出国になっており、中でもアメリカ(テキサス州：テキサスモヘアとして有名)は最も多くのモヘアを産出している。

なめらかで白く美しい光沢を持つ繊維だが、アンゴラ山羊は2歳を過ぎるころから毛が太くなることもあって、生後6ヵ月までの子山羊の毛であるキッド・モヘアは特に珍重されている。

古くはこの繊維で紡いだ糸が白く輝いていることからアイス・ヤーンと呼んでいたこともあり、その輝きから主に夏の服地として「モヘア・トロピカル」に製織されるのが一般的である（49ページ参照）。

キッド・モヘア原毛

モヘア・トロピカル

ヤ

山羊毛 — *Goat Hair*

　獣毛繊維の中で山羊毛の仲間をゴート・ヘアー Goat Hair と称する。主な種類としてモヘア、カシミヤが有名であり、高級衣料品には欠かせない原料といえる。モヘアは成羊になると繊度が40ミクロン程に太くなることから、生後6ヵ月ほどのいわゆるキッド・モヘアが貴重となる。高級原料として知られるカシミヤは、名前の由来であるインド、パキスタン国境のカシミール地方がルーツとして有名であるが、主に中国、中央アジア、イラン、イラク、トルコ、チベットなどに分布している（49ページ参照）。

カシミヤ（写真／ザ・ウールマーク・カンパニー）　　モヘア（写真／ザ・ウールマーク・カンパニー）

ヤーン — *Yarn*

　織物及び編物に使用される糸を言う。毛、綿、麻、絹を細く引き伸ばして撚りをかけることで糸ができるが、撚りの強さ、糸の太さなどによって織り糸、編み糸に分けられる。

　それぞれウール・ヤーン、コットン・ヤーン、シルク・ヤーンなどと称される。ウール・ヤーン Wool Yarn はさらにウーステッド・ヤーン Worsted Yarn（梳毛糸）、ウールン・ヤーン Woolen Yarn（紡毛糸）に分類され、用途により織り糸、編み糸となる。

ヤーンには原料及び用途、形状などによりさまざまな呼称が存在する。たとえば、ノップ・ヤーン Knop Yarn（節糸）、スラブ・ヤーン Slub Yarn（雲糸）、コード・ヤーン Cord Yarn（3本以上の諸撚り糸）などである。

リング紡績機

ウーステッド・ヤーン（梳毛糸）

Column 交織、混紡と交撚

　服の品質表示を見るとウール50％／モヘア50％とか、ウール40％／シルク30％／コットン30％という具合に混率が書かれている。異なる素材を用いた服地の場合、「交織」か「混紡」か「交撚」によってつくられているのだが、そこまで表示されることはなく、また表示義務もない。

　そもそもなぜ異素材を混ぜるのかというと、ある素材を100％用いるよりも目的の生地に近づけることができるという積極的な意味合いと、たとえばカシミヤ100％だと値段が高くなってしまうために、ウールと50％ずつにするといった消極的な意味合いとがあるわけである。

　モヘア混の場合などは、ほとんどが「交織」でできている。モヘアはウールと違いクリンプ（捲縮）やスケール（繊維表面のうろこ）がなく、絡まりにくく抜けやすいため、経糸に使うことがほとんどなく、多くは経糸にウール100％、緯糸にモヘアを用いて生地をつくる。このようなつくり方を交織という。「混紡」とは目的の生地をつくるために、糸をつくる段階で数種の異なる原料を一本の糸に混ぜる方法である。「交撚」は、ウールの糸にポリエステルなどの糸を巻きつけるもので、主に夏素材で細番手の軽い素材に強度や清涼感を与えるために用いられる。

ラ

ルー プ・ヤーン —— *Loop Yarn*

　スラブ、ネップなどと同様のファンシー・ヤーン（飾り糸）の一種。糸の途中に輪をつくることで表面効果の高い表情をつくることができ、リング・ヤーンなどとも言われる。飾り糸としてではなく、全体に使われるものとしてはタオルがあり、緯糸(よこいと)すべてにループ・ヤーンを打ち込むことで構成されている。メンズの毛織物として使われることは稀であるが、流行によりソフトでユニセックス的なジャケットなどに効果的に使用される。

ループ・ヤーンによる生地

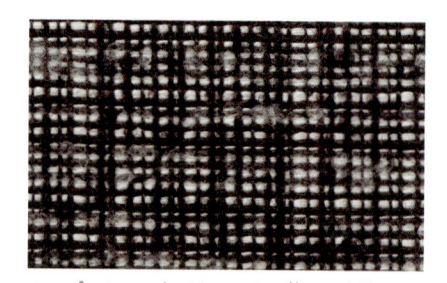

ループ・ヤーンをアクセントに使った生地

注記・綾目について

生地の写真のうち、78ページのオルタネイト・ストライプ（左）、116ページのチョーク・ストライプ（左）、126ページのネップ・ヤーン（右）、144ページのボールド・ストライプ（上および下左）の地組織が左上から右下に通っているが、これは経糸が紡毛単糸（Z撚り）であることから表れる綾目である（23ページ「撚り方向と綾目」参照）。

あとがき

　母校メンズ・ファッション専門学校がその役割を終えた1999年3月、それを少し過ぎた頃だったか、校長先生からの依頼で学校の蔵書を保管することになった。多くは技術面での資料であったが、中に昭和7年（1932年）に刊行された、輸入生地商の草分けの一つ「ストック商会」の創業者、木村慶市氏の著作『洋装辞典』と『洋装読本』があった。ケース入りのハードカバーでつくられた豪華本を開くと、その内容の豊かさに圧倒された。

　明治維新以降、急速に欧米化を図ろうとした日本において、建築や鉄道などと共に、人々の暮らしの中で目に見えて西洋化したものは衣服ではなかったか。当時、衣服、生地、織物などにかかわる仕事は、西洋を感じさせる最先端の仕事であったのだ。しかも時代は既製服以前の、紳士、婦人服共に注文服が全盛の頃であり、この背景に対応して生地の種類、柄の豊富さは、特に紳士服においては現在の比ではなかったのである。

　そのようなことを知らしめてくれる本に刺激を受けたことと、デザイン学校で「素材学」という講座を受け持っていたこともあり、まずは毛織物の教科書を作ろうと考え、少しずつ書きはじめていた。そんな折、ファッションに造詣の深い河合正人氏から万来舎を紹介いただき、このようなかたちで出版ができたことは感謝に堪えない。また英国羊毛公社、ザ・ウールマーク・カンパニー両社には羊毛、獣毛の写真を提供していただいた。厚く感謝申し上げる。「服地の事典編」では多数の生地の写真を載せることができたが、輸入生地商、日興通商の森田千晴氏のご厚誼により、多くの生地サンプルを提供していただいたことに改めてお礼を申し上げたい。

　最後に、1966年に入学したメンズ・ファッション専門学校（当時はメンズ・ファッション研究所）でクロッキーを教えていただいた、イラストレーターの穂積和夫先生に帯の推薦文を書いていただき感激でいっぱいだが、先生の推薦文に恥じない内容になったかどうかは、大方の批判や評価に委ねようと思っている。

2014年1月　著　者

参 考 文 献

『男の服飾事典』堀洋一監修、婦人画報社
『テキスタイル商品企画』今須久榮著、鳳山社
『ファブリック コモンセンス』北上陽三著、ヤード
『洋装生地事典』湯原五郎著、恒春閣
『洋装辞典』木村慶市編、慶文社
『洋装読本』木村慶市著、慶文社
『洋装百科辞典』木村慶市編、生活研究社
『洋服技能者養成用教科書』東京紳士服協会編、全日本洋服技能者養成運営委員会
『洋服地の辞典』田中道一著、関西衣生活研究会

大西 基之（おおにし もとゆき）

1948年、千葉県市川市生まれ。私立市川高等学校卒業。1968年、メンズ・ファッション研究所（第1期生）卒業。株式会社ダーバン創立時のデザイナーを経て1978年に独立し、株式会社ワープアンドウエフト設立。アパレルの企画・製造販売、服地販売を業務とする。現在、アパレル製品の商品企画コンサルタント、紡績、毛織メーカーのテキスタイル・デザインを主な業務として活躍中。

メンズ・ウエア素材の基礎知識 ［毛織物編］

2014年2月12日　初版第1刷発行　2020年10月2日　初版第3刷発行

著　者：大西基之
発行者：藤本敏雄
発行所：有限会社万来舎
　　　　〒102-0072　東京都千代田区飯田橋2-1-4　九段セントラルビル803
　　　　電話：03(5212)4455　E-Mail：letters@banraisha.co.jp

ブックデザイン／アートディレクション：奥村靫正（TSTJ inc.）
デザイン：三部智也、山口 央（TSTJ inc.）
イラスト：平野元彦
校正：鷗来堂
写真協力：英国羊毛公社、ザ・ウールマーク・カンパニー、ピクスタ
印刷所：大日本印刷株式会社

© OONISI Motoyuki 2017 Printed in Japan

落丁・乱丁本がございましたら、お手数ですが小社宛にお送りください。送料小社負担にてお取り替えいたします。
本書の全部または一部を無断複写（コピー）することは、著作権法上の例外を除き、禁じられています。
定価はカバーに表示してあります。

ISBN978-4-901221-75-7